AIGC
革命
产业升级与商业创新

符 挺 刘 飞 李艾思◎著

U0247915

中国财富出版社有限公司

图书在版编目（CIP）数据

AIGC 革命：产业升级与商业创新／符挺，刘飞，李艾思著. --北京：中国财富出版社有限公司，2024.11. -- ISBN 978-7-5047-8286-1

Ⅰ. TP18

中国国家版本馆 CIP 数据核字第 202450ZB08 号

| 策划编辑 | 郑晓雯 | 责任编辑 | 郑晓雯 | 版权编辑 | 李　洋 |
| 责任印制 | 尚立业 | 责任校对 | 卓闪闪 | 责任发行 | 董　倩 |

出版发行	中国财富出版社有限公司		
社　　址	北京市丰台区南四环西路 188 号 5 区 20 楼	邮政编码	100070
电　　话	010－52227588 转 2098（发行部）	010－52227588 转 321（总编室）
	010－52227566（24 小时读者服务）	010－52227588 转 305（质检部）
网　　址	http://www.cfpress.com.cn	排　　版	宝蕾元
经　　销	新华书店	印　　刷	宝蕾元仁浩（天津）印刷有限公司
书　　号	ISBN 978-7-5047-8286-1/TP · 0117		
开　　本	710mm×1000mm　1/16	版　　次	2025 年 1 月第 1 版
印　　张	13	印　　次	2025 年 1 月第 1 次印刷
字　　数	205 千字	定　　价	59.80 元

随着 AI 的发展以及相关技术的进步，为了适应各种情境，满足更加多样化的用户创作需求，内容创作模式从 PGC（专业生成内容）、UGC（用户生成内容）逐渐演变为 AIGC（人工智能生成内容）。在数字化浪潮汹涌澎湃的时代，AIGC 技术如同一股强大的洪流，正在重塑我们认识世界的方式，引领一场前所未有的革命。

相较于传统的内容创作方式，AIGC 提供从基础素材到最终内容呈现的全流程技术支持与服务，有效降低了内容创作门槛及成本，这为众多有内容创作需求、渴望展示自我的用户拓展了想象和实践的空间。

当前，AIGC 已经实现文本、图片、音频、视频等内容的生成以及多模态之间的转换，覆盖知识搜索、内容生成、智能助手等多个方面。投资人、创业者、互联网大厂等都已经感受到 AIGC 给生产、生活带来的巨大改变，认识到 AIGC 蕴含的巨大潜力。

AIGC 在业务发展中扮演着重要的角色，逐渐成为企业核心竞争力的重要组成部分。例如，微软、腾讯、华为等企业在 AIGC 领域均有重要布局，凭借大模型研发出丰富多样的 AIGC 产品，并在商业等多个场景中落地应用。

AIGC 为各行各业带来了前所未有的商业机遇。众多企业纷纷将目光投向 AIGC，希望借助这一技术挖掘和把握新的增长点。然而，在 AIGC 市场竞争日益激烈的背景下，如何选择合适的切入点及策略是很多企业面临的一大挑战。本书旨在深入剖析 AIGC 的商业价值以及引领的革命，结合实际应用场景展现

AIGC 的具体落地路径，为企业布局 AIGC 提供指导。

本书从概念、技术、产业生态、商业应用等多个方面深入探讨 AIGC 的底层逻辑和发展潜力。同时，本书将理论与实践相结合，对 AIGC 技术在不同场景下的应用进行深入剖析，探讨 AIGC 如何在各种商业场景中落地。此外，本书介绍了谷歌、微软、京东、华为等企业在 AIGC 领域的布局，为企业在 AIGC 领域进行战略规划提供了借鉴和参考。

展望未来，随着科技的不断发展，AIGC 技术将在更多领域得到应用。AIGC 革命将重塑产业格局，促使业务模式、产品或服务全面升级，进而孕育出新的商业增长点。企业应积极拥抱 AIGC 技术，把握新兴商业机遇，在变革中立于不败之地。

为了本书顺利出版，我们收集了不少专家的建议与意见，感谢齐俊杰、李少雅、王晓燕、李璟妍对本书的大力支持。

目　录

第 1 章

AIGC：重新定义内容生成模式

随着深度学习、自然语言处理等技术取得突破，AI（人工智能）更加智能、高效，催生了 AIGC。ChatGPT、GPT-4V 等 AIGC 底层模型展示了 AI 在模拟人类对话和多模态处理方面的巨大潜力，能够使 AI 更好地理解和生成内容。AIGC 技术仍在不断发展，将能处理更复杂的任务，具备更强的学习、推理和适应能力，将在未来智能时代扮演核心角色。

面对未来的无限可能，很多企业正在加速布局 AIGC，以占据市场竞争优势。从算力资源优化到感知大模型研发，从一站式 AI 解决方案到跨行业智能化升级，AIGC 正逐渐通用化，开启智能时代新篇章。

1.1 AIGC 初探

在数据、算力、算法等要素的支持下，AIGC 能够实现多种内容的生成，包括但不限于文本、视频、图像、音乐、代码等。在拆解 AIGC 时，我们首先要了解其内核及推动其发展的要素。

1.1.1 内核：AI 成为内容生成驱动力

在互联网、AI 及相关技术的推动下，内容生成方式经历了从 PGC、UGC 到 AIGC 的转变。这不仅标志着 AI 技术迅猛发展，更重塑了内容创作生态。

AIGC 是一种基于 AI 的内容生成方式，引领了新一轮内容生成革命。AIGC 崛起，标志着 AI 在内容生成领域得到深度应用。借助自然语言处理、机器学习等技术，AI 能够迅速收集并分析大量信息，生成高水准且独具特色的内容。无论是新闻报道、社交媒体帖子还是艺术作品，都能通过 AIGC 生成，展现出巨大的潜力和可能性。与 PGC、UGC 相比，AIGC 具有以下几个特点，如图 1-1 所示。

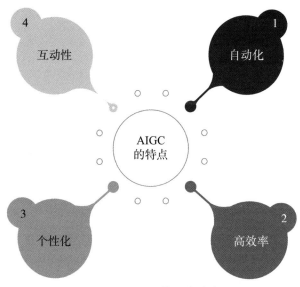

图 1-1　AIGC 的四大特点

1. 自动化

传统的内容创作过程往往需要经过长时间的构思、编辑，而 AIGC 可以在短时间内自动完成这些任务，根据用户提供的关键词或需求，快速生成高质量内容。这种方式既节省了时间，降低了成本，又提升了工作效率。

2. 高效率

依托先进的大数据、云计算等技术，AIGC 能高效处理海量信息，生成精准且优质的内容。这一特性使其能够充分满足广大用户的多样化内容创作需求，进而提升用户满意度，增强用户黏性。

3. 个性化

AIGC 能根据用户的个性化需求，生成具有创新性、个性化特质的内容。这能够提升内容的吸引力与价值，并进一步提高用户的参与度与转化率。

4. 互动性

借助自然语言处理、计算机视觉等前沿技术，AIGC 应用可以与用户交流，根据用户的反馈进行自我学习和优化。例如，在电商平台或社交媒体上，AIGC

能够根据用户的兴趣和偏好，推荐相应的商品、文章或视频，从而增强用户体验；在游戏中，AIGC 使游戏角色具备更智能的行为和决策能力，游戏角色能够根据不同的游戏情境做出智能化的反应，与玩家进行自然的互动，既提高了游戏的难度和挑战性，也增加了游戏的趣味性和可玩性。

AIGC 不仅代表了 AI 技术的巨大飞跃，也预示了未来人类工作方式的深刻变革。这一技术的出现，意味着我们不再仅依赖 AI 进行简单的数据分析和信息检索，而且能够通过 AI 的创造力生成全新的内容，从而极大地丰富和拓展知识边界。

1.1.2　三大要素协同促进 AIGC 发展

AIGC 的出现与发展依赖数据、算力和算法这三大核心要素。这些要素犹如建筑的基石，为 AIGC 的发展奠定了稳固的基础。

首先，数据是 AIGC 的基础要素。在这个信息爆炸的时代，数据无处不在，可能来自各种渠道，如云端存储、数据库、物联网设备、传感器等。

无论是训练机器学习模型，还是生成个性化内容，都离不开大量数据的支持。数据不仅为算法提供了训练样本，还帮助平台了解用户需求和行为习惯，从而实现精准的内容推荐。以 GPT 系列模型为例，其数据集的品质与规模持续攀升，在大模型训练过程中发挥着重要作用。

其次，算力是 AIGC 的引擎。随着人工智能技术的不断发展，其对计算资源的需求也越来越大。为了实现高效、准确的内容生成，AIGC 需要强大的计算能力作为支撑。

高性能计算能力是 AIGC 算力基础的核心组成部分，具有重要意义。在人工智能应用中，深度学习模型的训练和推理高度依赖高性能计算能力。唯有配备充足的算力，AIGC 才能迅速处理庞大的数据集，并完成复杂的计算任务，进而为用户提供卓越的内容生成服务。

最后，算法是 AIGC 的灵魂。在 AIGC 的发展中，算法负责从海量的数据中提取有用的信息，并根据用户需求和行为习惯进行内容生成，这涉及自然语言处理、计算机视觉、强化学习等多项技术。通过不断优化算法，AIGC 可以实现更智能的内容生成,提高内容质量和多样性。同时,算法还可以帮助 AIGC 实现个性化推荐、智能筛选等,提升用户体验。

综上所述,数据、算力和算法是支撑 AIGC 发展的三大要素,具有独特价值和意义,并相互依存、相互促进,共同推动 AIGC 发展。

1.2 AIGC 带来多重能力突破

随着相关技术的进步,AIGC 在多个方面实现了能力突破。这些突破不仅推动了内容生成领域的变革,还为优化用户体验和提升业务运营效能提供了有力支持。

1.2.1 内容生成:跨模态生成成为现实

随着人工智能技术的飞速发展,AIGC 已经从单一的文本生成扩展到语音、图像、视频等多模态内容生成。如今,跨模态内容生成已经成为现实,为内容创作和交互带来了前所未有的变革。

跨模态内容生成即利用人工智能技术,将一种模态的内容(如文本)转换为另一种模态的内容(如图像、音频等)。这一过程简洁高效,无烦琐步骤,可以实现不同形式内容之间的转换。

在 AIGC 发展的早期阶段,基于自然语言处理技术的文本生成技术是一项重要的技术。根据场景,文本生成技术可分为两类,如图 1-2 所示。

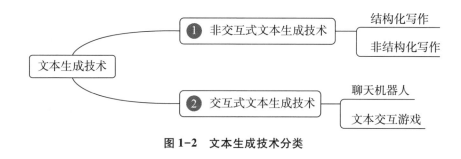

图 1-2 文本生成技术分类

非交互式文本生成技术可分为两类:结构化写作和非结构化写作。结构化写作依赖结构化数据,在特定场景下生成规范化的文本内容。相比之下,非结构化写作在文本创作上具有更高的自由度。交互式文本生成技术主要应用于聊天机器人、文本交互游戏等领域。

近年来，图像生成技术发展迅猛，并已成功应用于诸多场景。根据应用场景的不同，图像生成技术可分为图像编辑和端到端图像生成两类。

图像编辑主要包括对图像属性的调整与修复，如去除水印、风格迁移、图像修复等；还包括修改图像内容，如面部特征调整、人脸替换等。通过这些操作，用户能够实现对图像的精细调整和优化。端到端图像生成涵盖了基于图像生成的各类方法，如根据草图生成完整图像、根据特定属性生成图像等，同时包括多模态转换，如根据文字描述生成相应图像等。

音频生成领域的部分技术已经较为成熟，在智能家居、虚拟助手等 C 端产品中较为常见。音频生成技术可分为两大类：一类为 TTS（Text to Speech，文语转换），另一类为乐曲生成。在 TTS 场景中，音频生成技术的应用范围涵盖语音客服、有声读物制作、智能配音等。乐曲生成即根据起始旋律、图像、文字描绘、音乐风格、情感类型等，生成对应的特色乐曲。

视频生成技术的基本原理与图像生成技术类似，包括数据提取、训练、转换三个阶段。当前，视频生成技术的发展方向主要是提升视频的精确度和实时性。鉴于视频具备文本、图像以及音频的综合性特征，视频生成技术已成为跨模态生成技术的重要应用场景。

总之，AIGC 跨模态内容生成是内容生成领域的一次重大突破和创新。它既为创作者提供了更多的创作可能性和便利性，也为内容产业的发展带来了新的机遇和挑战。

1.2.2 生成式搜索：AIGC 打造全新搜索入口

生成式搜索是 AIGC 的重要应用场景，打造了全新的搜索入口，为用户提供更为精准、高效的搜索体验。

借助深度学习、自然语言处理等技术，生成式搜索能够根据用户的搜索需求，实时生成个性化的搜索结果。与传统的关键词匹配式搜索相比，生成式搜索能够更好地理解用户的意图和需求，为用户提供更加准确、全面的信息。

生成式搜索的核心优势在于个性化和智能化，能够根据用户的历史搜索记录、浏览行为以及兴趣偏好，生成个性化的搜索结果。例如，用户输入一个关键词，生成式搜索不仅会弹出相关的网页链接，还会根据用户的兴趣和需求生成摘要、解释，或者推荐相关内容。这种个性化的搜索方式使用户能够更快地找到自己所需的信息，搜索效率和准确性极大地提高。

作为国内领先的搜索引擎公司，百度一直在积极探索和研发生成式搜索技术，以挖掘该技术在实际应用中的巨大潜力。通过结合大规模的语料库和深度学习算法，百度的生成式搜索能够理解用户的复杂查询指令，并生成高度相关的搜索结果。

例如，用户在百度搜索"北京天气"时，百度不仅会提供当前的天气状况，还会生成未来几天的天气预报，以及相关的出行建议，如图 1-3 所示。智能化的搜索方式使用户能够更方便地获取所需信息，提高了用户搜索的便捷性和满意度。

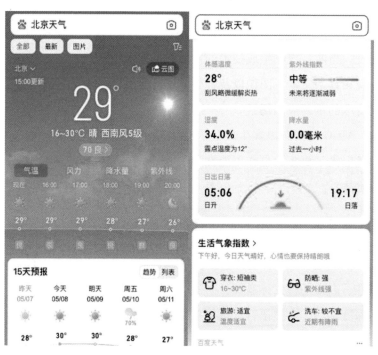

图1-3 百度针对"北京天气"的生成式搜索

再如，当用户在百度搜索"北京 GDP 和上海 GDP 哪个高"时，百度可依据权威数据实时生成近几年两地 GDP 走势图（见图 1-4），直观地呈现对比结果及差距，用户无须分别搜索两地 GDP 数据自行比较。

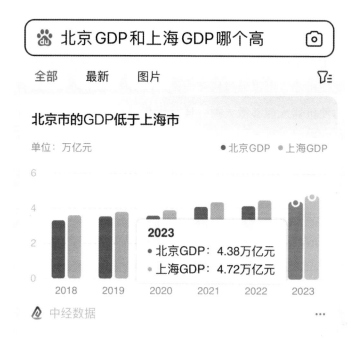

图 1-4　百度给出的"北京 GDP 和上海 GDP 哪个高"的生成式搜索结果

总之，作为 AIGC 的重要应用场景，生成式搜索正在引领新一代搜索引擎的变革。它为用户提供了更为精准、高效的搜索体验，具有广泛的应用前景和巨大的发展潜力。

1.2.3　具身智能：AIGC 驱动机器人突破式发展

在"ITF World 2023 半导体大会"上，英伟达创始人黄仁勋明确指出，具身智能将引领下一波人工智能发展浪潮。具身智能即具备理解、推理、与物理世界互动等能力的智能系统。

长久以来，机器人领域的感知和控制技术虽然取得了一定的进步，但在上层任务规划方面仍存在明显的局限性。传统机器人过于依赖简单的逻辑判断，智能水平相对较低，难以满足复杂环境下的实际需求。这也是业内人士普遍认为机器人技术离落地仍有较大距离的原因之一。

ChatGPT 的发布为机器人领域带来了新的突破。ChatGPT 利用大语言模型进行指令生成，将知识注入上层规划领域，使机器人能够更好地理解和执行复杂任务。在多模态大语言模型的支持下，机器人的智能水平显著提升，为具身智能的实现奠定了基础。

具身智能使机器人可以通过感知周围环境并与之互动，实现自主决策和行动。这种能力使机器人能够像人类一样与世界进行交互，从而更好地适应各种环境、完成各种任务。ChatGPT 的成功应用为具身智能的发展提供了新的思路和方法。

例如，基于具身智能，特斯拉人形机器人 Optimus 的研发已取得重大突破。2022 年首次公开亮相时，该机器人尚需人工扶持，无法独立运作。2023 年，Optimus 已具备在车间自如行走和抓取物体的能力。2024 年 10 月，有视频展示了 Optimus 聊天、倒饮料、比心等多组动作，并透露当前阶段的机器人的部分动作仍由人工远程操控干预。相信在不久的将来，Optimus 将能独立自主地完成各项任务。

再如，2023 年 3 月，谷歌推出了多模态具象化视觉语言模型 PaLM-E。该模型具备庞大的参数量，集成先进的传感器和深度学习算法，拥有强大的感知能力和自主决策能力，能够实时感知周围环境，理解人类的意图和需求。这使 PaLM-E 在执行任务时不再局限于简单的预设程序，而是能够像人类一样灵活应对各种复杂情况。

与 ChatGPT 等大语言模型的结合，更是赋予了 PaLM-E 超越传统机器人的智能水平。通过自然语言处理、情感计算等技术，PaLM-E 能够与人类进行更加自然、流畅的交流，在家庭、医院等场景中的应用更广泛、更深入。

总之，AIGC 技术为机器人向具身智能方向发展提供了强大的支持，使机器人在感知、决策和交互等方面取得了突破性的进展。

1.3 OpenAI 加深探索，引领 AIGC 发展

OpenAI 是一家在人工智能领域享有盛誉的研究机构，进行了很多前瞻性研究，取得了多项创新性成果，引领了 AIGC 的发展潮流。下面将以 ChatGPT、GPT-4V 以及 Sora 为代表深度解析 OpenAI 在 AIGC 领域进行的探索，展现其在自然语言处理、多模态交互等领域取得的突破性进展。

1.3.1 ChatGPT：代表性的 AIGC 应用

ChatGPT 是 OpenAI 开发的一款基于 GPT-3 架构的对话型人工智能模型，它能够理解和生成自然语言文本，与用户进行流畅的对话。ChatGPT 是 AIGC 技术发展的一个重要里程碑，展现了 AI 在模拟人类对话方面的巨大潜力。

ChatGPT 的核心优势在于可定制性和适应性。用户可以通过简单的提示或问题来引导对话，而 ChatGPT 能够根据用户的输入生成连贯、相关的回答。此外，ChatGPT 还具备一定的记忆能力，能够在对话中联系上下文，为用户提供更加个性化的交互体验。

在新闻领域，ChatGPT 可作为智能新闻助手，高效处理信息并生成结构化内容，帮助记者和编辑人员提升工作效率。

在影视领域，ChatGPT 能够充当剧本生成器，它可以提供创新性建议，生成角色对话，甚至帮助编剧构思剧情。ChatGPT 还可以通过分析用户的观影记录，为用户提供个性化的电影推荐。

在市场营销领域，ChatGPT 能够担任智能客服角色，为用户提供 7×24 小时的服务。它能够理解用户的问题，提供个性化的答案和解决方案。此外，ChatGPT 还可以用于市场调研，通过与用户对话，快速了解用户的需求和痛点，为产品研发、优化提供参考。

在医疗领域，ChatGPT 能够成为健康咨询助手，为患者提供基础性的健康咨询、日常用药提醒服务。ChatGPT 还可用于医疗记录整理与分析工作，有助于医生更全面地掌握患者的病史与治疗状况，进而提升医疗服务质量。

总之，作为 AIGC 领域的代表性应用，ChatGPT 不仅展示了 AI 技术在自然语言处理方面的进步，也为人工智能的发展带来了新的可能性。

1.3.2 GPT-4V：底层模型驱动 ChatGPT

GPT-4V 是 OpenAI 开发的新一代自然语言处理模型，是具有视觉功能的 GPT-4。作为底层模型，GPT-4V 为 ChatGPT 提供了强大的支持，使其在理解和生成自然语言方面具有更强的能力。

GPT-4 是一款多模态大型语言模型，具备处理图像和文本输入的能力，并能以文本形式输出结果。GPT-4 的扩写能力进一步提升，支持长篇内容创作、扩展对话、文档检索及分析等，在规模化、复杂化的情境中，其强大的内核能力更加凸显。

GPT-4V 在模型架构、训练数据、算法等方面进行了改进。它采用了更先进的神经网络结构，拥有更多的参数和更深的层次，能够更好地捕捉语言的复杂性和细微差别。同时，GPT-4V 在预训练过程中使用了更大规模、更多样化的语料库，能够更全面地理解语言的多样性和上下文关系。GPT-4V 提升了模型在训练过程中的稳定性和效率，在文本生成、问答系统、机器翻译等自然语言处理任务中都有出色的表现。

GPT-4V 在多模态处理方面的能力也有所增强，不仅能够处理文本信息，还能够理解和生成图像内容。这使 GPT-4V 在图像描述、视觉问答等复杂的视觉处理任务中表现出色，为跨模态交互提供了新的可能性。GPT-4V 的视觉能力主要表现在以下几个方面，如表 1-1 所示。

表 1-1   **GPT-4V 的视觉能力**

视觉能力	举例
物体检测	GPT-4V 具备识别和检测图像中常见物体的能力
文本识别	GPT-4V 具有 OCR（Optical Character Recognition，光学字符识别）功能，能够检测图像中的打印或手写文本，并将其转换为机器可读的文本

视觉能力	举例
人脸识别	GPT-4V 具备人脸定位与识别功能，并且能根据面部特征，识别性别、年龄和种族
验证码识别	GPT-4V 具备出色的视觉推理能力，能够识别文本与图像中的验证码

整体来看，从 GPT-4 到 GPT-4V 的进化体现了 OpenAI 在人工智能领域的持续创新和进步。GPT-4V 不仅提升了自然语言处理技术的水平，也为人工智能应用的发展开辟了新的道路。

1.3.3　Sora：OpenAI 引爆关注的新动作

传统的文生视频模型在处理帧间依赖、训练数据、计算资源以及防止过拟合等方面存在局限性，从而难以生成高质量的长视频。而 OpenAI 推出的 Sora 文生视频大模型则能突破这些局限性，给文生视频领域带来新的变革。这一成果再次彰显了 OpenAI 在大模型领域卓越的技术研发实力。

相较于市面上已有的 AI 视频生成模型，Sora 展现出了远超预期的能力。它不仅将视频生成的时长提升了 15 倍，还能够理解物理世界的部分规律，提升视频内容的稳定性。Sora 的优势主要有以下几点。

1. 增加视频长度

基于生成对抗网络、时间连续性算法等先进技术，Sora 具备生成 60 秒视频的能力，突破了已有模型生成视频的时长记录。而且，视频质量较高、内容连贯、流畅，可以满足抖音等短视频平台对视频时长的要求。

2. 增强稳定性

AI 生成的视频不具备对三维空间及物体之间互动的内在理解，因此视频往往会出现人物扭曲、变形的现象。而 Sora 生成的视频可以实现一镜到底，视频中的主角与背景高度统一，并且可以随意切换镜头，视频稳定性很高。

3. 个性化

基于强大的学习能力和灵活的架构，Sora能够根据用户的偏好精准识别用户的指令。例如，某创作团队为展现主角毛发柔软波动的质感，耗时数月研发出仿真毛发飘动的软件程序。然而，Sora却能轻松达成相同的效果。

在技术上，Sora采用了一个新的架构模型——Diffusion Transformer。基于这一模型，OpenAI沿用了大语言模型的设计理念，提出了一种利用Patch（视觉补丁）作为视频数据来训练视频模型的方法。Patch是低维空间中的统一表达单位，类似文本形式下的Token（文本处理中的最小单元）。在文本表达中，大型语言模型将各类文本、符号及代码统一抽象为Token。相应地，在Sora中，图片和视频被抽象为Patch。

凭借此方法，Sora能够根据各类设备的原生宽高比例，直接生成相应规格的内容，从而迅速、便捷地打造出较小尺寸的原型素材，提升了采样的灵活性。而且，取景和构图效果得到改善。

Sora显示了OpenAI在推动人工智能技术发展方面的决心。通过建立一个开放、协作的平台，OpenAI希望能够激发更多的创新，同时确保技术健康、可持续发展。

1.4　AGI：AIGC逐渐走向通用

AGI在各类任务上表现出与人类相似或超越人类的能力，这种能力不仅局限于特定任务或领域，而且具有广泛的适应性。在AGI时代，企业需敏锐地洞察到AGI成为AIGC未来发展主要路径的趋势，加速在AGI领域布局，以抢占先机，占据更多竞争优势。

1.4.1　AGI是AIGC未来发展的主要路径

当下，AI技术已广泛应用于金融、医疗、物流等多个领域。然而，AI技术仅能在特定任务中有优异的表现，无法具备类似人类的全面智能。AGI（Artificial General Intelligence，人工通用智能）则有望像人类一样具备理解、分析复杂问题以及学习新知识的能力。

AGI 与传统人工智能的主要区别在于其泛化能力和适应性。AGI 可以模拟人类智能，能够在多种不同的任务和环境中表现出类似人类的认知能力。这不仅体现在解决特定问题上，还体现在学习、推理、规划、感知、创造等复杂的认知功能上。

AIGC 和 AGI 都是 AI 的重要分支，都属于 AI 的应用范畴。AIGC 主要指的是利用机器学习等手段生成内容的技术范畴，是 AGI 的一种技术手段。而 AGI 是 AI 发展的高级目标，也是 AIGC 未来发展的主要路径，旨在打造一个可以像真人那样处理多任务与活动的智能系统。

AIGC 在许多场景下能替代基础的脑力劳动。例如，在设计方面，AIGC 有助于降低设计成本和门槛，同时提高设计创新性和品质；在市场营销方面，AIGC 能够洞察消费者兴趣和市场趋势，助力企业推出更契合市场需求的产品。

为了实现真正的 AGI，AIGC 应用需要具备两大能力。

1. 跨模态感知能力

跨模态感知是指 AIGC 应用能够同时理解和处理来自不同模态（如视觉、听觉、触觉等）的信息。人类智能的一个重要特征就是能够综合利用来自不同感官的信息来做出决策和行动。为了实现 AGI，AIGC 应用要能处理和分析来自不同来源的数据，如图像、声音、文本等，并能够在这些不同模态之间建立联系。

跨模态感知能力使 AIGC 应用能够更全面地理解周围环境，并在复杂场景中做出更准确的决策。例如，在自动驾驶领域，具备跨模态感知能力的 AIGC 应用可以同时利用摄像头捕捉的图像信息和雷达探测的距离信息来识别和避让障碍物，从而更安全地行驶。

2. 多任务协作能力

多任务协作是指 AIGC 应用能够同时处理并有效协调多个任务。在现实世界中，人类经常需要同时处理多个任务，如边走路边打电话、边做饭边听音乐等。为了实现 AGI，AIGC 应用要能够在不同任务之间进行切换和协作，以应对复杂多变的环境。

多任务协作能力使 AIGC 应用能够更高效地利用计算资源，并在需要时快速响应多个任务的需求。例如，在家庭服务机器人领域，具备多任务协作能力的机器人可以同时执行打扫卫生、照顾孩子、播放音乐等多个任务，以满足家庭成员的不同需求。

为了实现这两种能力，AIGC 应用需要采用先进的深度学习算法和大规模数据集进行训练和优化。同时，还需要设计合理的系统架构和算法来确保不同任务之间的协调和配合。

AGI 是 AIGC 发展的关键路径之一，随着科技的持续发展，AIGC 将在更多领域发挥重要作用，逐渐走向通用。

1.4.2 企业布局 AGI 动作加速

AGI 是人工智能发展道路上的一个里程碑，但并非终点。在 AIGC 蓬勃发展的背景下，很多企业加速布局 AGI，以便在激烈的市场竞争中抢占先机。

在迈向 AGI 的过程中，企业将面临众多挑战，如算力问题。如何科学、有效地分配和利用算力资源，以充分发挥其价值，是很多企业面临的一大难题。

在布局 AGI 方面，很多企业已经率先行动。例如，视频智能分析和时空数据管理服务提供商闪马智能发布 ATOM AI 生产力平台和感知大模型 SupreMeta，充分展现了其在 AIGC 领域强大的技术实力和前瞻性战略思维。

ATOM AI 生产力平台是一个提供综合性的人工智能解决方案的平台，旨在为企业提供强大的数据处理和分析能力。该平台集成了先进的算法和机器学习技术，能够帮助企业从海量数据中提取有价值的信息，优化业务流程，提升运营效率。

ATOM AI 生产力平台具备一站式服务、高度可扩展性和卓越性能等显著优势，能够有效地支持应用方的发展，并为资源方提供强大的技术支持。其广泛适用于智慧交管、智慧高速、扬尘治理等多个业务领域，为各行业的智能化升级提供坚实的技术支撑。

SupreMeta 的发布，更彰显了闪马智能在计算机视觉和自然语言处理等领域的领先地位。作为一款强大的感知模型，SupreMeta 具备高度的智能化和自主性，能够理解和解析复杂的视觉和语言信息。

在 AGI 时代浪潮中，闪马智能以前瞻性的视野和领先的技术实力，为企业和行业的智能化升级提供强大的支持，携手各方共同迈向人工智能的新纪元。

第 2 章

技术积淀：驱动 AIGC 发展的核心技术

AIGC 的发展离不开技术的支撑。其中，不断迭代的 AI 技术、预训练模型、多模态技术等都是推动 AIGC 发展的核心技术。在这些技术的支持下，AIGC 得以持续发展，能力不断提升。

2.1 AI 技术获得突破性发展

AI 技术是 AIGC 的核心动力。AI 生成算法的不断迭代，提升了 AIGC 的生成能力，而自然语言处理技术的发展，使 AIGC 能够更加准确地理解自然语言并生成更加准确的内容。

2.1.1 AI 生成算法不断迭代，提供关键支撑

AI 生成算法是 AIGC 生成能力背后的支撑技术。在发展过程中，从生成对抗网络、扩散模型到 Transformer 模型，AI 生成算法不断迭代，推动 AIGC 持续发展。

1. 生成对抗网络

2014 年，谷歌大脑团队的成员伊恩·古德费洛提出了生成对抗网络，这是最早的 AI 生成算法。生成对抗网络主要由两部分组成：生成网络和判别网络。这两部分会相互训练，生成网络的任务是产生"假"数据并"逃脱"判定网络的识别；判别网络的任务是判断数据的真假，试图识别出所有"假"数据。生成网络和判别网络通过这种方式进行训练，持续对抗、进化，直到互相无法识别出"假"数据，才算训练完成。

生成对抗网络的应用范围比较广泛，可以用于广告、游戏等多个行业，实现虚拟场景、虚拟人物搭建，图像风格变换等。

2. 扩散模型

扩散模型也是一种 AI 生成模型，能够进行图像生成。扩散模型生成内容的逻辑与人类的思维方式相似，给 AIGC 带来无限的创造力。扩散模型包含两个过程：扩散过程和逆扩散过程。扩散过程指的是利用连续加强的高斯噪声的方法破坏图像；逆扩散过程指的是将噪声过程进行反转，还原为原始图像，完成整个训练。扩散模型具有极大的潜力，有望成为下一代图像生成模型的代表。

3. Transformer 模型

作为一种采用自注意力机制的深度学习模型，Transformer 模型可以提升语言模型的运行效率，更好地捕捉长距离依赖关系，能够应用于多种自然语言处理任务，使深度学习模型的参数进一步增加。

Transformer 模型加速了预训练模型的发展。Transformer 模型架构灵活，具有很强的可扩展性，可以根据任务和数据集规模的不同，搭建不同规模的模型，提升模型性能。同时，Transformer 模型具有很强的并行化能力，能够处理大规模数据集。

在大规模数据集和计算资源的支持下，用户可以基于 Transformer 模型设计并训练参数上亿的预训练模型。OpenAI 推出的 GPT 系列模型，就是基于 Transformer 模型的生成式预训练模型。ChatGPT 基于 Transformer 模型进行序列建模和训练，能够根据前文内容和当前输入内容，生成符合逻辑和语法的结果。

Transformer 模型包括编码器、解码器两个模块，能够模拟人类大脑理解语言、输出语言的过程。其中，编码指的是将语言转化成大脑能够理解和记忆的内容，解码指的是将大脑所想的内容表达出来。虽然 ChatGPT 使用了 Transformer 模型，但只使用解码器的部分，目的是在妥善完成生成式任务的基础上，减少模型的参数量和计算量，提高模型的计算效率。

从内容生成模式看，ChatGPT 不会一次性生成所有内容，而是逐字逐词生成。在生成每个字、每个词时，都会结合上文。因此，ChatGPT 生成的内容更有逻辑性、针对性。

此外，ChatGPT 对 Transformer 模型进行了一系列优化，例如，采用多头注意力机制，使模型能够同时学习不同特征空间的表示，提高了模型性能和泛化能力；在网络层中采用归一化操作，加速收敛和优化网络参数；添加位置编码，为不同位置的词汇建立唯一的词向量表示，提高模型的位置信息识别能力。

通过以上优化，ChatGPT 在对话生成方面展现出较好的应用效果和巨大的应用价值。例如，在单轮对话生成中，ChatGPT 能够根据用户的提问，快速生成合适的回复；在多轮对话生成中，ChatGPT 可以通过上下文理解和推断，更好地生成对话内容，提高了交互的效果和效率。

总体来看，Transformer 模型在机器翻译、文本生成、智能问答、模型训练速度方面，均优于之前的模型。而基于 Transformer 模型的 GPT 系列模型，也具有强大的应用能力和性能。

2.1.2　自然语言处理技术助力 AIGC 理解与生成

自然语言处理技术能够提升 AIGC 的自然语言理解与生成能力，使 AIGC 能够准确理解用户的需求并生成符合用户需求的内容。

一方面，自然语言处理技术能够从词性标注、句法分析、语义分析等多方面助力 AIGC 理解自然语言。

词性标注指的是将原始文本中的词语进行分割，并为不同的词语赋予不同的词性标签，如名词、动词、形容词等。基于深度神经网络的模型，如卷积神经网络、Transformer 模型等，能够通过学习上下文信息、语义表示等进行词性标注。这使 AIGC 能够理解文本的语法结构，提取关键信息进行句法分析。同时，在问答系统中，通过词性标注，AIGC 能够识别问题中的关键词，进而理解用户意图。

句法分析指的是对句子结构进行分析，以关系图的方式表示句子中各成分之间的关系。基于自然语言处理技术，AIGC 能够在文本学习过程中理解句子的句法结构，进而实现机器翻译、智能问答等。例如，在机器翻译方面，AIGC 能够更好地理解句子结构，进而生成更加准确的翻译；在智能问答方面，AIGC

能够理解用户的问题，并从知识库中提取正确的答案。

语义分析指的是对文本进行深入的语义理解与分析，包括正确理解语义、句子情感分析等。这能够使 AIGC 准确理解文本的含义，进行准确的语义推理。例如，在智能搜索方面，对用户提出的问题进行语义分析，AIGC 能够提供更加准确的搜索结果；在情感分析方面，AIGC 能够分析社交媒体、用户评论中的情感倾向，帮助企业进行舆情分析。

另一方面，自然语言处理技术能够帮助 AIGC 实现多方面的自然语言生成，如文本生成、文本摘要等。

文本生成指的是根据给定的要求，生成与输入内容相关的句子、段落、文章等文本内容。生成的文本需要符合语法规则，语义准确，且与输入的要求相匹配。基于深度学习的模型，如循环神经网络、Transformer 模型等，能够通过学习语料中的语言模式和语义信息，实现文本生成。

AIGC 的文本生成能力体现在多个方面。例如，AIGC 能够根据用户提问生成流畅的回复，与用户进行交互；能够根据用户输入的提示文本，生成完整的文章、故事等；能够根据诗歌韵律和押韵规则，生成诗歌作品。

文本摘要旨在从输入文本中提炼核心内容，并输出简洁、概括性的内容。摘要可分为以下 3 种类型。

（1）提取式摘要：基于文本中的核心语句生成摘要。

（2）生成式摘要：基于文本内容生成新的摘要。

（3）混合式摘要：结合提取式摘要和生成式摘要两种方式生成摘要。

基于自然语言处理技术，AIGC 具备强大的文本摘要能力，既能提取文本中的内容，也能生成新的摘要。这能够帮助用户快速了解文本内容，提高浏览效率和理解能力。例如，AIGC 能够从新闻中提炼关键信息，生成新闻摘要，帮助用户了解新闻内容；能够根据文档生成摘要，便于用户浏览。

总之，自然语言处理技术能够从多方面赋能 AIGC 内容生成，不仅能够让 AIGC 更好地理解人类语言，还能让其准确生成人类语言。未来，随着自然语言处理技术的迭代，其将更有力地推动 AIGC 发展，为用户带来更加便捷、高效的使用体验。

2.2 预训练模型打造通用能力

预训练模型大幅提高了 AIGC 的通用性。以往的 AI 模型只能执行特定任务，而预训练模型提高了 AIGC 的通用能力，使其能够完成多样化的任务。随着多模态预训练模型的发展，多模态内容生成成为现实，极大地提升了 AIGC 的内容生成能力。

2.2.1 预训练模型通过微调适应不同任务

预训练模型拥有很强的通用能力，通过预训练和微调，能够适应不同的应用场景，完成多种任务。

预训练是模型学习的初始阶段，这一阶段的训练往往不针对任何具体的任务。在预训练期间，模型会基于各种数据，如书籍、文章、图片等进行预训练，以学习通用的知识。预训练通常通过无监督学习的方式进行，即模型在没有明确指导的情况下基于海量数据进行训练。

微调是针对特定任务进一步训练预训练模型的过程。在微调过程中，预训练模型基于特定数据集进行进一步训练，以掌握特定能力，满足具体的任务要求。例如，微调能够使预训练模型在文本生成、翻译、问答等任务中表现得更加出色。

微调通常分为两种方式：一种方式是通过特定领域的标记数据对模型进行微调；另一种方式是借助基于人类反馈的强化学习技术对模型进行微调。后者是一种更复杂、耗时的微调方法，但能够取得更好的微调效果。

预训练模型具有诸多优势。一方面，预训练模型能够减少数据要求。对于一些可用数据有限的任务，预训练模型能够凭借通用知识的训练与学习提高性能。另一方面，由于预训练模型已经基于大量通用数据进行了预训练，因此针对特定任务的训练时间大幅缩短，提高了训练效率。此外，预训练模型还能够将已经学到的知识迁移到其他任务中，提高任务处理效率。

以 GPT-4 大模型为例，其能力源于大规模预训练和微调。GPT-4 所具备的语言生成、情景学习等能力，都源于大规模的预训练。通过对海量数据的深度学习，GPT-4大模型在多个方面具备通用能力。

而通过微调，GPT-4大模型拥有面向细分领域的能力，能够泛化到更多任务中，进行更专业的知识问答。同时，借助基于人类反馈的强化学习技术，GPT-4具备和用户"对齐"的能力，能够根据用户的提问给出翔实、客观的回答，拒绝回答不当或超出其知识范畴的问题。

2.2.2　经过三大发展阶段，能力不断提升

纵观预训练模型的发展历程，其经历了单语言预训练模型、多语言预训练模型的发展阶段，正在向多模态预训练模型发展。随着发展阶段的不断演进，预训练模型的能力不断提升。

1. 单语言预训练模型

单语言预训练模型基于单一语言数据训练而成，能够实现单语言内容输出，能够处理的任务类型较少。BERT（Bidirectional Encoder Representations from Transformers，来自变换器的双向编码器表征量）是一种典型的单语言预训练模型，其预训练由MLM（Masked Language Model，掩码语言模型）、NSP（Next Sentence Prediction，下一句预测）两个无监督任务组成。

其中，掩码语言建模指的是将输入内容中的一些词随机替换成特殊的掩码符号，训练模型通过上下文预测被掩码的词的能力。下一句预测的目的是加强语句之间的关系，预测语句是否连续。BERT模型可以在微调的基础上满足多种任务的需求，完成文本分类、自动问答等任务。

2. 多语言预训练模型

多语言预训练模型能够覆盖多种语言，具备强大的语言能力。其可以基于数十种甚至上百种语言进行预训练，能够完成更多自然语言处理任务，如机器翻译、智能问答、情感分析等。

XLM（Cross-lingual Language Model，跨语言模型）是一个典型的多语言预训练模型。其采用两种预训练方法：一种是基于单语言数据进行无监督学习，

另一种是基于平行语料数据进行有监督学习。所有语种共享相同的字母、数字符号、专有名词等。XLM 保留了 BERT 模型的掩码语言建模模式，同时引入了因果语言建模模式，给出上文，其可以预测下一个词。

3. 多模态预训练模型

多模态预训练模型是在多语言预训练模型的基础上发展而来的，能够实现文字、语音、视频等多种内容的同步转化，并实现多任务处理。多模态预训练模型具备两种能力：一是寻找不同模态数据之间的关系，如将文字描述和视频对应起来；二是实现不同模态数据之间的转化与生成，如将文字描述转换成视频。

多模态预训练模型是很多企业布局大模型的主要着力点。2023 年 4 月，全球化人工智能公司 APUS 发布了多模态预训练模型 AiLMe。AiLMe 可以理解并生成文本、图像、音频、视频等内容。在技术架构方面，AiLMe 采用的是主流的 Transformer 架构，同时采用了一套插件架构，可以接入其他工具，具有强大的能力。

纵观预训练模型的发展历程，从单语言到多语言再到多模态，其能力不断提升。未来，多模态预训练模型有望接入更加复杂、广泛的数据，完成更加多元化、个性化的内容生成任务。

2.2.3 开源策略：进一步驱动模型落地

随着预训练模型的发展，模型开源成为一大趋势。越来越多的企业通过开源预训练模型寻求更好的发展，如 Meta（原 Facebook）发布了开源大模型 Llama 2，xAI（埃隆·马斯克成立的人工智能公司）开源了大模型 Grok-1 等。企业为什么选择开源策略？原因主要有以下几个，如图 2-1 所示。

1. 防止技术垄断

从 AIGC 产业发展的角度看，大模型开源可以防止大型企业垄断大模型技术，以开源、协作的方式促进 AIGC 产业更好地发展。

大模型开发对数据收集、算力支持、资金投入等方面有很高的要求，这意

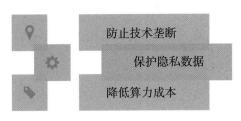

图 2-1 企业选择开源策略的原因

味着只有资金充足、在数据和技术方面有优势的企业才能研发大模型，这容易引发大型企业垄断大模型技术这一问题。而大模型开源可以让各行各业的企业参与大模型研发，携手推动大模型乃至整个 AIGC 产业的发展。同时，开源的方式能够减少重复性工作，各大企业能够集中精力探索更多大模型研发和应用路径。

2. 保护隐私数据

从数据保护的角度看，大模型开源可以保护企业隐私数据，使定制化数据训练成为可能。对于很多企业而言，数据是其主要的竞争壁垒。大模型开源使企业可以在掌握数据所有权、实现数据保护的基础上，将自己的隐私数据用于大模型训练。在进行定制化数据训练时，开源大模型可以过滤无法满足训练需求的数据，降低模型训练的成本。

3. 降低算力成本

从算力的角度看，大模型开源可以降低算力成本，推动大模型普及。在研发和应用大模型的过程中，算力消耗主要包括训练成本消耗和推理成本消耗。

在训练成本方面，大模型的训练成本很高，很多企业难以承受，而开源大模型节省了企业在大模型预训练方面的成本支出。在推理成本方面，大模型的参数体量越大，推理成本越高，而借助开源大模型打造聚焦细分任务的垂直大模型，可以减小参数体量，降低企业使用大模型时的推理成本。

为了推动大模型在更多领域落地，开源成为必然选择。在这一潮流下，一些企业和机构推出开源版本的大模型。

● **商汤科技：开源多模态大模型"书生2.5"**

2023年3月，商汤科技（人工智能软件公司）发布多模态通用大模型"书生2.5"，在多模态任务处理方面实现了突破。其强大的跨模态开放任务处理能力能够为自动驾驶、机器人等场景的任务提供感知和理解能力。

"书生"大模型由商汤科技携手上海人工智能实验室、清华大学、香港中文大学、上海交通大学于2021年首次发布。升级版"书生2.5"为多模态多任务通用模型，可接收不同模态的数据，并通过统一的模型架构处理不同的任务，实现不同模态和不同任务之间的协作。

"书生2.5"具备文生图能力，可以根据用户需求生成高质量的写实图像。这一能力可以助力自动驾驶技术研发，通过生成丰富、真实的交通场景和真实的训练数据，提升自动驾驶系统在不同场景的感知能力。

"书生2.5"还可以根据文本检索视觉内容。例如，其可在相册中找到文本所指定的相关图像；可以在视频中找出与文本描述契合度最高的帧，提高检索效率。此外，其还支持引入物体检测框，从图像或视频中找到相关物体，实现物体检测。

除了在跨模态领域有出色的表现，"书生2.5"也实现了开源。其已在开源平台OpenGVLab开源，为开发者开发多模态通用模型提供支持。未来，"书生2.5"将持续自我学习和迭代，实现技术突破。

● **智源研究院：以"悟道3.0"探索开源大模型**

智源研究院也是开源大模型的先锋之一。2021年，智源研究院发布大模型"悟道1.0"和"悟道2.0"，虽然当时大模型的应用场景和具体产品还不明确，但智源研究院已经开始构建大模型基础设施。

作为在大模型领域布局较早的科研院所，在推出初代大模型后，智源研究院积极推动大模型迭代。在2023年6月召开的"北京智源大会"上，智源研究院发布了新一代大模型"悟道3.0"。

"悟道3.0"呈现出多模态、开源的特点，包括"悟道·天鹰"语言大模型系列、"悟道·视界"视觉大模型系列，以及丰富的多模态模型成果。这些成果也实现了开源。

其中，"悟道·天鹰"语言大模型系列能够调用其他模型。用户给出一个文生图的指令，"悟道·天鹰"语言大模型系列能够通过调用智源开源的多语言文图生成模型，准确、高效地完成文生图任务。

"悟道·视界"视觉大模型系列包括多模态大模型 Emu、通用视觉模型 Painter 等。其中，多模态大模型 Emu 可接收多模态输入的内容，并输出多模态内容，实现对图像、文本、视频等不同模态内容的理解和生成。在应用中，Emu 可在多模态序列的上下文中补全内容，实现图文对话、文图生成、图图生成等多模态能力。

在开源方面，智源研究院致力基于大模型构建完善的开源系统。智源研究院还打造了大模型技术开源体系 FlagOpen（飞智），实现模型、工具、算法、代码的开源。

FlagOpen 的核心 FlagAI 是一个大模型算法开源项目，集成了许多"明星"模型，如语言大模型 OPT、视觉大模型 ViT、多模态大模型 CLIP 等，还包含智源研究院推出的悟道系列大模型。这些开源模型支持企业基于自身业务需求进行二次开发、对模型进行微调等，为企业应用大模型提供支持。

未来，随着大模型的发展，其通用能力将大幅提升，而开源将成为大模型发展的一个重要方向，以挖掘大模型的更大价值。大模型开源不仅能够推动大模型实现技术创新，还能吸引更多用户使用，推动大模型广泛落地。

2.3 多模态技术实现多模态内容生成与交互

多模态技术是 AIGC 实现多模态内容生成与多模态交互的关键。多模态技术驱动多模态大模型发展，使多模态内容生成成为现实，同时，其也实现了更加自然的多模态交互，提升了人机交互体验。

2.3.1 处理多种数据，生成丰富内容

在多模态技术未出现之前，基于单模态技术的模型只能处理单一类型的数据，无法处理多种数据的交互，或捕捉多种数据间的关联。而基于多模态技术

的多模态模型能够处理文本、图像等各种数据，通过数据分析全面整合信息，提供更加深入的理解与洞察。

基于多模态技术，多模态模型能够根据用户要求生成多模态内容。具体来说，多模态模型不仅能够实现文本到图像、图像到文本的生成，还能够实现多模态内容转换，如文本、图像、音频、视频等内容间的转换。这在音视频处理、多媒体创作方面具有重要应用价值。

基于强大的多类型处理与生成能力，多模态模型的应用十分广泛。在自然语言处理方面，多模态模型能够完成机器翻译、情感分析等任务；在计算机视觉方面，多模态模型能够完成人脸识别、目标检测等任务；在语音识别与生成方面，多模态模型能够完成语音合成、语音转文本等任务。

在多模态生成方面，许多企业已经进行了探索，并公布了初步成果。例如，上海人工智能实验室联合香港中文大学多媒体实验室（MM Lab）、清华大学、商汤科技等共同发布了多模态生成模型 MM-Interleaved。其具有精准理解图像细节和语义的能力，支持图文穿插的图文输入与输出。具体而言，MM-Interleaved 具有以下三大能力，如图 2-2 所示。

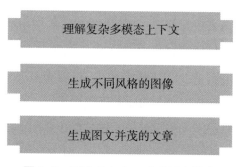

图 2-2　MM-Interleaved 的三大能力

1. 理解复杂多模态上下文

MM-Interleaved 能够根据图文上下文推理生成符合要求的内容，如计算图文数学题、根据 Logo 图像给出对应的公司介绍等。

2. 生成不同风格的图像

MM-Interleaved 能够完成复杂的图像生成任务，如根据用户的描述生成相应的图像、以用户指定的风格生成图像等。

3. 生成图文并茂的文章

MM-Interleaved 能够通过多种方式生成文章，如根据用户提出的开头进行自动续写、生成图文并茂的美食教程、根据图片生成故事等。

MM-Interleaved 在多模态理解任务中表现优越，具有独特的优势。通过进一步微调，MM-Interleaved 在视觉问答、图像描述、图生图、视觉故事生成等多个细分任务中都有亮眼的表现。

总之，基于多模态技术，多模态模型能够处理和理解多种类型的数据，提供更加准确的分析结果，生成多模态内容。多模态模型具有巨大的发展潜力，未来，随着技术进步和企业探索步伐的加快，多模态模型将迎来更大的发展。

2.3.2　实现多方面交互，推动人机交互发展

多模态交互技术能够实现文本、语音、视觉、动作等多方面的交互，驱动人机交互从单模态走向多模态，进一步拓展 AIGC 的应用范围。

在日常生活中，常见的两种模态是文字与视觉。视觉模型可以为 AI 机器人提供强大的环境感知能力，文字模型使 AI 机器人具备认知能力。而多模态交互技术能够处理多种数据，为人机交互提供动力。

多模态交互技术已经在人机交互中实现了应用。AI 的发展使服务机器人逐步走近用户，在商场、餐厅、酒店等场景中，都能看到服务机器人忙碌的身影。但是，大多数服务机器人不够智能，仅能如同平板电脑一般在用户发出需求后响应，无法主动为用户提供服务。

在推动服务机器人智能化、人性化的需求下，百度率先对小度机器人进行了技术革新。百度借助多模态交互技术，使小度机器人能够快速理解当前场景和用户的意图，主动和用户互动。

虽然让机器人拥有主动互动能力并不是一项全新的技术创举，但相较于以

往的互动模式，机器人的互动能力有了很大提升。百度自主研制了人机主动交互系统，设计了上千个模态动作，在观察服务场景后，小度机器人能够主动为用户提供迎宾、引领讲解、问答咨询、互动娱乐等服务。这推动了机器人行业的发展。

除了百度，中信集团也在多模态人机交互方面做出了探索，并有了一些研究成果。2023 年 7 月，在"第六届世界人工智能大会"上，中信集团推出了新项目"多模态 AI 打造有温度的信用卡服务"。该项目展示了中信集团基于大模型，融合多模态技术打造的智能机器人服务矩阵，包括 AI 外呼机器人、AI 感知机器人、智能问答机器人、智能质检机器人、座席辅助机器人等。

AI 外呼机器人能够提供个性化服务，让人机交互更自然；AI 感知机器人能够挖掘用户痛点，优化服务流程；智能问答机器人能够实现多轮智能问答，提供 24 小时问答服务，随时帮助用户解决问题；智能质检机器人能够实现对话内容的全面检查，保障用户权益；座席辅助机器人能够提供流程导航服务，提升综合服务水平。此外，多模态智能机器人服务矩阵能够依据用户画像，为用户智能推荐产品，还能够通过"声纹核身"为老年用户提供直通查询服务，让老年用户获得更有温度的金融服务。

多模态交互技术能够帮助 AI 机器人实现多种交互，推动 AI 机器人在更广泛的领域落地。未来，AI 机器人能够借助多模态技术，拥有更深层次的认知，与用户进行流畅的互动，帮助用户解决更多难题。

第 3 章

市场现状：AIGC 繁荣生态与发展趋势

在政策支持以及资本不断涌入的形势下，AIGC 市场繁荣发展，呈现出产业化发展的趋势。同时，在数据、算法模型的支持下，AIGC 应用在更多领域落地。基于此，众多企业纷纷布局 AIGC 赛道，加大 AIGC 技术研发力度，推动 AIGC 市场进一步发展。

3.1 AIGC 市场背景分析

作为一个发展潜力巨大的新兴产业，AIGC 受到了政府、资本等多方的关注。利好政策的出台、资本的涌入等不断激活 AIGC 市场，使 AIGC 市场更加活跃、开放。

3.1.1 利好政策纷纷出台

在政策层面，多部门相继出台了支持 AIGC 发展的利好政策，为 AIGC 的发展奠定了良好的基础。在政策的引导下，AIGC 产业内的企业、机构等能够规范自身行为，在良好的发展环境下进行竞争与合作。

2023 年 7 月，国家互联网信息办公室联合多个部门公布了《生成式人工智能服务管理暂行办法》，这一政策鼓励生成式人工智能在各行业、各领域的创新的应用，构建应用生态体系，同时指出要加强生成式人工智能基础设施建设、公共训练数据资源平台建设等。这一政策为 AIGC 产业的发展奠定了基调，是针对 AIGC 产业的规范性政策。

同时，北京、安徽等地也出台了 AIGC 相关利好政策。2023 年 5 月，《北京市促进通用人工智能创新发展的若干措施》（以下简称《措施》）发布。《措施》强调了算力、数据、大模型等对通用人工智能发展的重要作用，指出要提升算力资源统筹供给、高质量数据要素供给等能力，系统构建大模型等通用人工智能技术体系，推动通用人工智能技术创新场景应用，探索营造包容审慎的监管环境。

同样是在 2023 年 5 月，"北京市通用人工智能产业创新伙伴计划"发布。该计划聚集于汇聚产业链上下游合作伙伴，构建政产学研用深度融合的协同联动产业体系，推进大模型研发和应用。该计划划定了合作伙伴的范围，包括算力伙伴、数据伙伴、模型伙伴、应用伙伴、投资伙伴。各类市场主体可承担不同的伙伴角色，通过协同合作共谋发展。

除了北京市，2023 年 10 月，《安徽省通用人工智能创新发展三年行动计划（2023—2025 年）》（以下简称《行动计划》）发布。该《行动计划》明确了推进通用人工智能发展的总体思路、行动目标、重点任务和保障措施，以抢占通用人工智能发展制高点，创建创新发展生态体系。

此外，安徽省还发布了《打造通用人工智能产业创新和应用高地若干政策》，内容涉及强化智能算力供给、保障高质量数据供给、建立技术支撑体系、加快全时全域场景应用、加速汇聚市场主体、加大招才引智力度、构建良好产业生态和强化宣传培训。该政策指出将通过"揭榜挂帅"和定向委托等方式，对通用大模型、行业大模型等技术的研发应用予以资助。

以上政策的出台，有利于推进 AIGC 领域的协同合作以及通用人工智能产业创新高地的打造，从多方面助推 AIGC 产业繁荣发展。

3.1.2 资本涌入，市场活跃

AIGC 市场火热发展，吸引了资本的关注，各方资本纷纷涌入 AIGC 领域，推动了相关企业的发展。

AIGC 领域的明星企业 OpenAI 在 2023 年 4 月完成了 103 亿美元的融资。本次融资分为两个部分：一部分是由微软主导的战略投资，金额约为 100 亿美元；另一部分是由 Thrive Capital、红杉资本等机构参与的财务投资，金额超过 3 亿美元。此次融资后，OpenAI 估值猛增，突破了 270 亿美元。

除了 OpenAI，诸多 AI、大模型相关企业都获得了投资。AI 初创企业 Inflection AI 在 2023 年 6 月获得 13 亿美元的融资；AI 初创企业 Typeface 于 2023 年 2 月和 6 月连获两笔融资，分别为 6500 万美元和 1 亿美元；AI 企业光年之外获得来自腾讯资本、源码资本等机构投资的约 16.6 亿元；多模态大模型产品开发商生数科技获得来自百度风投、蚂蚁集团等企业的近亿元资金。

在 AIGC 投资热潮中，国内外科技巨头是重要的参与者。国内方面，腾讯投资了深言科技、光年之外、MiniMax 等企业；百度投资了西湖心辰、生数科技等企业；阿里巴巴旗下的蚂蚁集团投资了生数科技、月之暗面等企业。国外方面，微软投资了 OpenAI、Inflection AI 等企业；谷歌投资了 Versed、Runway 等企业；英伟达投资了 Inflection AI、Runway 等企业。

在资本的助推下，越来越多的 AIGC 企业获得投资，投资金额也在不断上涨，单笔过亿元的融资增多。这将持续推动 AIGC 产业的发展，促进市场繁荣。

3.1.3 AI21 Labs：以 AIGC 布局吸引投资

在 AIGC 市场中，以色列 AI 初创企业 AI21 Labs 也受到了资本的青睐。在 2023 年 8 月完成 1.55 亿美元的 C 轮融资后，其又完成了 5300 万美元的 C 轮扩展轮融资，共计获得超 2 亿美元资金。投资方包括 Alphabet、英伟达、Intel Capital、Comcast Ventures 等。

AI21 Labs 受到资本青睐，与其深耕 AIGC 赛道密切相关。AI21 Labs 致力开发一系列文本生成 AIGC 工具，具有很大的发展潜力。其主线产品为一个即用即付的开发者平台 AI21 Studio，该平台可以基于文本生成模型构建基于文本的自定义商业应用程序。用户能够通过 API（Application Programming Interface，应用程序编程接口）利用该平台完成各种生成式 AI 任务，如完成摘要、释义、拼写纠正等。同时，该平台支持西班牙语、德语等多种语言的智能生成。

在应用方面，AI21 Labs 是亚马逊 AIGC 应用程序开发平台 Bedrock 的合作伙伴；AI21 Labs 旗下 AIGC 写作应用 Wordtune 吸引了上千万用户使用。在生成可靠、准确的结果的同时，AI21 Labs 也在不断更新数据以迭代算法模型，保持产品的先进性。

AI21 Labs 将 C 轮融资的资金用于研发工作，推进更先进 AI 算法的研发，使 AI 算法具备跨领域的推理能力。此外，AI21 Labs 还引入更多专业人才，扩大公司规模，并积极寻求合作，不断提升自身技术研发实力。

3.2　产业链三大环节

在不断发展中，AIGC 产业形成了分工明确的产业链。其中，上游环节的服务商主要提供数据、算力等基础服务，中游环节的参与者主要提供算法模型，下游环节的企业聚焦 AIGC 的多场景应用。随着 AIGC 产业链的逐渐完善，AIGC 应用也在更多领域落地。

3.2.1　上游环节：提供多样的基础服务

AIGC 产业链的上游环节为中游及下游提供多样的基础服务，如数据服务、算力服务等。在这些基础服务的支持下，企业能够更好地进行大模型开发、AIGC 应用开发等工作。数据服务商、算力服务商是产业链上游环节的重要玩家。

在数据方面，AI 数据服务商为 AIGC 产业提供了丰富多样的数据支持，满足大模型训练、微调的需要。

当前，市场中的 AI 数据服务商主要分为三类。第一类是以百度、京东、腾讯等为代表的科技巨头，它们推出了 AI 数据服务，如百度智能云数据众包、京东众智、腾讯数据厨房等。这类企业入局 AI 数据服务市场较早，服务比较完备。

第二类是专业的数据服务商，如海天瑞声、拓尔思、数据堂等。这类企业聚焦数据服务细分领域，能够提供专业、多样化的数据服务，所占市场份额较多。

第三类是提供 AI 数据服务的初创企业，如 MindFlow、Boden AI 等。这类企业所占市场份额较少，但发展潜力巨大。

在算力方面，AI 芯片为 AIGC 的发展提供了算力支持，这一领域聚集了大量 AI 芯片厂商，如谷歌、英特尔、英伟达、海思半导体、联发科、地平线等。

2023 年 4 月，谷歌公布了其用于大模型训练的 AI 芯片 TPU（Tensor Processing Unit，谷歌张量处理器）v4。早在 2016 年，谷歌就推出了专门用于机器学习的 TPU 芯片，该系列芯片通过低精度计算，大幅提升了计算速度并降低了功耗，为谷歌旗下的搜索、自然语言处理等产品提供算力支持。

而第四代 TPU 芯片 TPU v4 在提高效率、节能等方面有了进一步突破，具有优越的性能。TPU v4 已经在谷歌云平台上线，用于大模型训练。未来，TPU v4 可以支持更多大模型训练，渗透更多应用场景。

3.2.2　中游环节：多方参与者布局算法模型

AIGC 产业链的中游环节聚集着多方参与者，它们凭借自己的技术优势，推动 AIGC 算法模型的开发与应用。具体而言，这一环节的参与者主要包括以下 3 类，如图 3-1 所示。

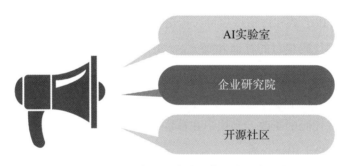

图 3-1　AIGC 产业链中游环节的主要参与者

1. AI 实验室

算法模型是 AI 系统实现智能决策的关键，也是 AI 系统完成任务的基础。为了更好地研究算法、推动 AIGC 商业化落地，很多企业都打造了专业的 AI 实验室。例如，谷歌收购了 AI 实验室 DeepMind，将机器学习、系统神经科学等先进技术结合起来，构建强大的算法模型。

除了附属于企业的 AI 实验室，还有独立的 AI 实验室。OpenAI 就是一个独立的 AI 实验室，致力 AI 技术开发。其推出的大型语言模型经过了海量数据训练，可以准确地生成文本，完成各种任务。

2. 企业研究院

一些实力强劲的大型企业往往会设立专注前沿科技研发的研究院，以加强顶层设计，构建企业创新的主体，推动企业变革。

例如，阿里巴巴达摩院就是一家典型的企业研究院，旗下的 M6 团队专注认知智能方向的研究，发布了大规模图神经网络平台 AliGraph、跨模态预训练模型 M6 等。其中，跨模态预训练模型 M6 功能强大，可以完成设计、对答、写作等任务，在电商、工业制造、艺术创作等领域都有所应用。

3. 开源社区

开源社区对 AIGC 的发展十分重要。它提供了一个代码共创的平台，支持多人协作，可以推动 AIGC 技术进步。例如，GitHub 就是一个知名的开源社区，它可以通过不同编程语言托管用户的源代码项目。其主要有以下几种功能。

（1）实现代码项目的社区审核。用户在 GitHub 中发布代码项目后，社区的其他用户可以下载和评估该项目，指出其中存在的问题。

（2）实现代码项目的存储和曝光。GitHub 是一个具有存储功能的数据库。作为一个体量庞大的编码社区，GitHub 能够实现代码项目的广泛曝光，吸引更多人关注和使用。

（3）追踪代码的更改。当用户在社区中编辑代码时，GitHub 可以保存代码的历史版本，便于用户查看。

（4）支持多人协作。用户可以在 GitHub 中寻找拥有不同技能、经验的程序员，并与之协作共创，推动项目发展。

总之，AIGC 产业链中游环节已产出多种算法模型，提供开源共创平台，为 AIGC 相关应用的研发赋能。

3.2.3 下游环节：聚焦多场景应用

在 AIGC 产业链的下游环节，聚集着大量的 AI 企业，它们从多方面积极探索，推进 AIGC 在多场景中的落地应用。具体而言，AIGC 的应用场景主要有以下几个，如图 3-2 所示。

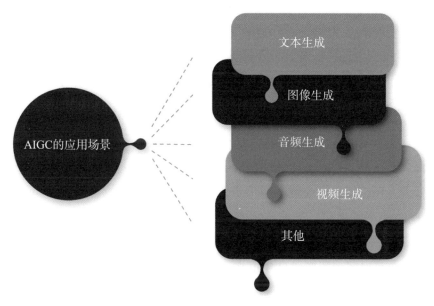

图 3-2　AIGC 的应用场景

1. 文本生成

文本生成是 AIGC 应用较为普遍的一个场景。很多企业都从多个角度出发，通过 AIGC 文本生成能力为用户提供营销文案创作、智能问答、新闻稿智能生成等服务。在这一领域，聚集着 OpenAI、谷歌、腾讯、百度、阿里巴巴、科大讯飞等企业。

在"2023 年阅文创作大会"上，腾讯旗下的阅文集团展示了其 AIGC 写作辅助大模型。在大会现场，AIGC 写作辅助大模型回答了关于《庆余年》《全职高手》等知名网文作品的数个问题，包括情节内容介绍、角色介绍等，在回答的准确性、全面性方面有较好的表现。

根据用户的提问，AIGC 写作辅助大模型能够为其提供写作灵感，辅助其进行内容创作。以创作一本玄幻小说为例，AIGC 写作辅助大模型能够根据用户的提问，给出修炼境界、宝物道具设定、门派势力等方面的详细内容，为用户进行小说创作提供参考。

此外，AIGC 写作辅助大模型还能够帮助用户丰富世界观设定、角色设定等多方面的细节。例如，在世界观生成方面，AIGC 写作辅助大模型能够帮助用户设定武力值、门派势力等内容，以丰满世界观设定。

AIGC 写作辅助大模型具有丰富的词汇量和多样化的场景描述。用户可以将大模型作为寻找词汇、素材的辅助工具，避免在描写特定场景时卡壳。

2. 图像生成

相较于文字生成，图片生成的门槛更高，传递的信息更加直观，商业化的潜力也更大。AIGC 图片生成应用可以完成图片设计、图片编辑、图片生成等诸多任务，在广告、设计等方面带来诸多机遇。这一领域聚集着 Stability AI、Shutterstock、阿里巴巴、快手等企业。

当前，市场中已经出现了多种类型的 AI 绘画工具。借助这些工具，用户的各种想象可以图画的形式呈现出来。以 AI 绘画软件"梦幻 AI 画家"为例，用户可以通过进行画面描述、选择绘画风格、设置绘画尺寸，生成个性化的绘画作品。

3. 音频生成

音频生成指的是借助 AIGC 语音合成技术生成相关应用。这类应用可分为 3 种：音乐创作类、语言创作类、音频定制类。许多公司，如科大讯飞、标贝科技等，都在音频生成方面有深入探索，推出了各种智能语音生成应用。

以标贝科技为例，标贝科技在智能语音生成方面深耕多年，推出了多样的音频生成应用。2022 年，标贝科技更新了方言 TTS 定制方案，上线了东北话音色。其通过大量的东北话语料不断对语言模型进行优化、训练，实现了高质量的语音合成。在应用场景方面，标贝科技推出的智能语音服务可以应用于智能客服、语音播报等诸多场景，为用户带来优质体验。

4. 视频生成

视频生成也是 AIGC 的重要应用场景，细分应用场景包括视频编辑、视频二次创作、虚拟数字人视频生成等。在这个领域同样聚集着不少科技企业，如 Meta、百度、商汤科技等。

例如，商汤科技推出了一款智能视频生成产品。该产品基于深度学习算法，可以对视频进行声音、视觉等多方面的理解，智能生成视频。同时，其也可以对视频进行二次创作，输出高质量、风格鲜明的视频。

5. 其他

除了以上 4 个方面，AIGC 在游戏、代码、3D 生成等方面也有广阔的应用前景。在游戏方面，AIGC 可以助力游戏策略生成、NPC 互动内容生成、游戏资产生成等；在代码方面，AIGC 生成代码能够替代人工完成很多重复性工作；在 3D 生成方面，英伟达、谷歌等互联网巨头已经有所布局，例如，英伟达推出了 Magic3D，谷歌推出了 DreamFusion。

未来，随着 AIGC 相关技术的发展和众多企业的持续探索，AIGC 应用将更加多样化，将在更多领域落地。

3.3 众多企业抢占 AIGC 新赛道

随着 AIGC 的火热发展，这一领域成为科技企业的必争之地。谷歌、微软、百度、华为等科技巨头率先入局，积极探索 AIGC 前沿技术，不断迭代相关应用，并推出服务其他企业的大模型解决方案。

3.3.1 谷歌：持续更新大模型，提升模型性能

作为探索 AIGC 的先锋之一，谷歌很早就进入大模型赛道，推出了多款大模型产品。2023 年 12 月，谷歌推出多模态通用大模型 Gemini。

Gemini 是基于 Transformer decoder 构建的多模态模型，能够理解并生成文字、图片、音频等多模态内容。Gemini 在代码生成方面具有显著的优势，可以理解并生成 Python、Java 等编程语言的代码。基于 Gemini 模型，谷歌推出了专业的代码模型 AlphaCode 2，辅助用户进行代码开发。

此外，Gemini 具备强大的推理能力，能够理解复杂的文本信息、视觉信息等。例如，其可以从海量文档中提取见解、从繁杂的报告中整理有价值的内容等，这对科研进步具有重大意义。

Gemini 有 Ultra、Pro、Nano 三个版本。其中，Gemini Ultra 面向企业级应

用，能够完成复杂的推理任务；Gemini Pro 适合扩展各种任务；Gemini Nano 聚焦设备上的任务，可以在手持设备上运行。

值得注意的是，在发布 Gemini 的同时，谷歌还推出了新的云端 AI 芯片 TPU v5p。该芯片极大地提升了数据传输速度与芯片性能，能够以强大的计算能力为大模型训练和推理提速。未来，在强大芯片的支持下，Gemini 有望持续迭代，不断提升模型性能。

在推出 Gemini 后，谷歌持续推动 Gemini 的迭代。2024 年 2 月，谷歌推出了 Gemini 的升级版本 Gemini 1.5。相较于最初版本，Gemini 1.5 在长上下文理解、对海量信息进行复杂推理、多模态理解与推理等方面的性能有所提升，具有更加强大的智能能力。2024 年 4 月，谷歌宣布向公众开放 Gemini 1.5 Pro。未来，谷歌将继续进行研发，推进 Gemini 持续迭代，不断提升模型性能。

3.3.2 微软：携手 OpenAI，加深投资与合作

作为 OpenAI 的主要投资者，微软在布局 AIGC 方面选择与 OpenAI 深度绑定，通过持续投资，加深在 AIGC 领域的探索。

早在 2018 年，OpenAI 就发布了第一代生成式预训练模型 GPT-1。在推进预训练模型不断迭代的同时，OpenAI 打造了现象级 AIGC 应用 ChatGPT。ChatGPT 获得了广大用户的喜爱，短时间内用户便突破千万。虽然 OpenAI 在 2022 年 11 月才显示出强大的实力，但早在 2019 年，微软便与 OPenAI 展开合作，实现了资源互补。OpenAI 是微软在 AI 领域较为重要的投资，微软是 OpenAI 的重要合作伙伴和早期战略投资者，二者相辅相成，共同发展。

在计算资源方面，微软为 OpenAI 提供"超级计算系统"，助力其研发 AI 产品，而 OpenAI 为微软提供强大的 AI 能力支持，双方合作共赢。

在应用开发方面，微软宣布将 ChatGPT 与旗下所有产品全线整合，加强与 OpenAI 的合作。

在一系列布局下，微软在 AIGC 领域积聚了强大的实力。AIGC 作为下一轮科技革命的开端，将会帮助多个领域的企业实现降本增效。而微软提前布局，在激烈的市场竞争中占领了一席之地。

3.3.3 百度：推进大模型迭代与应用

作为 AIGC 领域的重要玩家，百度很早就开始了对预训练大模型的探索，发布了文心（ERNIE）大模型并持续推进其迭代与应用。2023 年 10 月，百度发布文心大模型 4.0，为文心大模型的多行业应用奠定了基础。

文心大模型具有两大优势。第一，文心大模型具备丰富的基础知识。百度将拥有数千亿条知识的多源异构知识图谱用于训练文心大模型，文心大模型基于海量的数据及大规模知识进行学习。在强大语料库的支持下，文心大模型具备深厚的知识积淀。

第二，文心大模型可实现多场景、多行业应用。当前，文心大模型已在百度搜索、百度地图、智能驾驶等场景中实现应用，服务数亿名用户。在行业落地方面，文心大模型携手百度智能云，实现了在金融、制造、传媒等行业的应用。

经过不断探索和实践，文心大模型构建了"基础+任务+行业"的模型体系。其中，基础大模型主要聚焦提升通用性、破解技术挑战等方面；任务大模型聚焦理解任务特性、构建算法、训练数据，形成符合任务需求的模型能力；行业大模型融合行业数据和知识特性，构建适配行业的技术底座。任务大模型和行业大模型的构建离不开基础大模型的支持；同时，二者的应用实践和数据能够促进基础大模型优化。

百度基于文心大模型推出了数十个大模型，不断完善"基础+任务+行业"的模型体系，如图 3-3 所示。

1. 基础大模型

基础大模型包括自然语言处理大模型、计算机视觉大模型、跨模态大模型。

（1）自然语言处理大模型。百度发布了文心系列自然语言处理大模型。其中，基于多范式的统一预训练框架，文心大模型 4.0 具备强大的理解、生成、逻辑推理和记忆能力，在处理复杂任务方面表现出色。

（2）计算机视觉大模型。百度发布了 VIMER 系列计算机视觉大模型。其

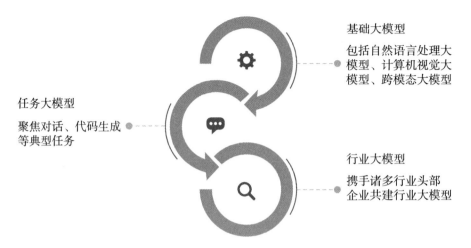

基础大模型

包括自然语言处理大模型、计算机视觉大模型、跨模态大模型

任务大模型

聚焦对话、代码生成等典型任务

行业大模型

携手诸多行业头部企业共建行业大模型

图3-3 "基础+任务+行业"模型体系

中，基于新的预训练框架，VIMER-CAE 提高了预训练模型的图像表征能力，在各类图像生成任务中都有出色的表现。

（3）跨模态大模型。跨模态大模型包括文生图大模型、视觉—语言大模型等。其中，ERNIE-ViLG 2.0 文生图大模型是一个出色的 AI 绘画模型，在图像清晰度、传统文化理解等方面有显著优势。

2. 任务大模型

文心大模型面向典型任务推出了对话大模型、搜索大模型、信息抽取大模型、代码生成大模型、生物计算大模型等。其中，代码生成大模型 ERNIE-Code 基于海量文本数据和代码进行训练，具备跨自然语言和编程语言的理解能力和生成能力，能够完成代码翻译、代码提取等任务。

3. 行业大模型

在行业大模型方面，百度携手诸多行业头部企业共建行业大模型。在金融、制造、传媒等领域，百度与浦发银行、吉利汽车、人民网等行业代表企业均有合作，积极进行行业大模型的探索。作为重要的支撑底座，行业大模型可以帮助行业实现技术突破、产品创新、流程优化，助力行业降本增效。

例如，百度与人民网携手打造的自然语言处理大模型基于海量传媒数据训练而成，可以提升传媒领域自然语言处理任务的完成效率，在内容审核、舆情分析、生成新闻摘要等方面有良好的表现。

此外，为了打造更加适配场景需求的基础大模型、任务大模型和行业大模型，文心大模型打通了大模型落地的关键路径，在工具平台、产品、社区等方面进行布局，为大模型落地提供支持，打造开放程度更高的大模型应用生态。

3.3.4　华为：提供完善的大模型解决方案

凭借自身在 AIGC、大模型领域的强大技术实力，华为打造了具有强大通用性的盘古大模型，并推出了一套完善的大模型解决方案，帮助客户打造专属大模型。这一解决方案解决了模型开发成本高的问题，为多领域模型的高效开发奠定了基础。

盘古大模型的层次化预训练架构为大模型的定制化开发提供了底层架构支持。根据应用场景的不同，大模型预训练架构分为通用层、行业层和场景层。其中，通用层为基于海量互联网数据训练而形成的通用大模型，是整个大模型预训练架构的底座。行业层是通过收集行业的多种数据，基于通用层的底座打造的行业预训练模型。通用层和行业层为大模型开发奠定了基础，而场景层只需要根据相关场景数据就能够产出场景化的大模型解决方案。

在强大功能的支持下，盘古大模型在多个行业实现了应用。例如，在煤矿行业，煤矿生产企业往往无法自主进行 AI 算法模型的开发，也缺乏 AI 算法模型持续迭代的机制。同时，定制化的算法模型提高了开发门槛，难以实现 AI 算法模型的大规模复制。

为了解决这些问题，华为与山东能源集团携手，基于盘古大模型打造了人工智能训练中心。双方凭借盘古大模型，打造了一套 AI 算法模型流水线应用，可应用到不同场景中，降低了大模型开发门槛，实现了大模型的工业化开发。目前，该应用已经在采煤、主运、安监、洗选、焦化等多个专业领域的 20 余个场景中落地应用，实现了井下生产、智慧决策等方面的智能生产模式创新。

为了让配煤更高效，华为推出了智能配煤解决方案。在无须人工干预的情况下，盘古大模型能够根据煤资源数据库、焦炭质量要求、配比规则、工艺输出优化配比，输出高性价比的配合煤，缩短配比耗时，节省成本。

在气象领域，华为基于盘古大模型推出了盘古气象大模型。通过建立三维神经网络结构并结合层次化的时间聚合算法，该模型能够更精准地提取气象预报的关键要素，如风速、温度、空气湿度、大气压、重力势能等。在台风路径预测方面，该模型能够将台风位置的误差降低20%。在气象预报常用的时间范围上，该模型能够提供未来1小时至7天的气象预测。

盘古气象大模型能够与多个场景结合，为城市管理、企业发展提供技术支持。在气象能源领域，该模型可以为相关企业提供及时、精准的气象数据，协助企业更好地管理能源生产和消耗。在航空航天领域，该模型提供实时气象数据，有助于机场更好地管理飞机，提升航空飞行效率。在农业生产领域，该模型为相关企业提供精准的气象预测服务，为农产品的质量保驾护航。在智能家居领域，该模型与家用设备相结合，实时监测室内的温度、湿度，优化人们的居家体验。

此外，在虚拟数字人打造方面，华为推出盘古数字人大模型，帮助用户快速生成虚拟数字人。基于盘古大模型底座，盘古数字人大模型具备强大的计算能力与深度学习能力，能够生成智能化虚拟数字人。智能生成的数字人具有自主思考、情感表达等能力，能够与用户进行高度智能的交流。例如，虚拟数字人能够倾听用户的倾诉，理解用户的感情，并以情感化的方式进行回应；能够回答科技、娱乐等多领域的问题，根据用户提问给出准确的回答。

未来，随着华为在大模型应用方面探索的进一步加深，华为盘古大模型在各行各业的应用将更加广泛，催生更多智能服务。这将为企业发展、行业变革提供重要的技术支持。

第 4 章

MaaS 生态：大模型应用潜力爆发

在 AIGC 浪潮下，很多企业都积极研发大模型，并通过向其他企业或用户提供大模型获得盈利。这种商业模式即 MaaS（Model as a Service，模型即服务）模式。随着越来越多的企业探索这一模式，布局大模型领域，MaaS 生态逐渐形成，催生了多样化的 AIGC 产品和 MaaS 服务，AIGC 在更多领域实现落地应用。

4.1　MaaS 服务：打通大模型发展路径

大模型已成为许多企业的标配。企业可以凭借大模型能力，聚焦多样化的应用场景，打造贴合用户需求的模型应用和服务，并以此获得盈利。

4.1.1　MaaS 服务加速企业发展

MaaS 服务是一种基于大模型的服务模式。科技巨头可以凭借自身技术优势打造大模型，开放多样化的大模型服务，并制定不同的收费标准。基于大模型服务，细分领域的企业可以训练专属模型，将大模型能力接入自己的产品等，获得更好的发展。

MaaS 服务能够为细分领域的企业提供模型训练、模型使用、AIGC 产品开发等方面的支持，而提供大模型服务的科技巨头则可以通过提供有偿服务打造AIGC 商业闭环。

不同行业的业务不同、技术不同、规则不同，导致适用不同行业的大模型也存在差异。在 MaaS 模式下，用户可以基于大模型进行模型的调用、开发与部署，无须从零开始研发大模型。

例如，某科技巨头推出了一款通用大模型，基于庞大的参数、对海量数据的训练，大模型具备强大的通用能力，能够完成多种任务，而想要使其在细分领域落地，则需要对大模型进行进一步微调，并基于细分领域的数据对其进行训练，以使其具备满足细分领域发展需要的功能；或者基于通用大模型打造聚焦细分领域的垂直大模型，并开放应用接口。同时，细分领域的企业也可以作为开发者，基于科技巨头的大模型训练专属大模型，打造个性化的 AIGC 产品，并向用户开放。

这样一来，科技巨头便可以开放大模型 API，收取细分领域的企业接入大模型的费用。而细分领域的企业可以以更低的成本使用大模型，并通过微调将大模型打造成更能满足自身需求的应用。基于 MaaS 模式，无论是实力强劲的科技巨头，还是想要布局大模型领域的新企业，都可以从中获益。

4.1.2　运作模式：从底层模型到多场景应用

MaaS 模式的运作涉及大模型、单点工具、场景应用三大要点，三大要点相互关联，最终形成完善的 MaaS 模式，如图 4-1 所示。

图 4-1　MaaS 模式的三大要点

1. 大模型

大模型是 MaaS 模式的底层支撑。科技巨头需要打造大模型底座，并开放

API。当前，不少企业都推出了通用能力较强的基础大模型，并支持用户调用。

2023 年 4 月，商汤科技宣布推出"日日新 SenseNova"大模型。该大模型具备内容生成、数据标注、模型训练等能力，为 B 端用户提供大模型能力支持，提供包括图片生成、自然语言生成、数据标注等服务。B 端用户可以根据自身需求，调用"日日新 SenseNova"大模型的各项能力，低成本落地各种 AI 应用。

2. 单点工具

单点工具指的是基于大模型而产生的各种应用。通过这些应用，用户可以体验到大模型的强大能力，并通过专业化的工具完成各种内容生成任务。例如，Jasper 是一个基于 GPT-3 模型的营销内容生成工具，它提供多样化的模板，能够生成广告文案、电子邮件、社交媒体营销文案等内容。

再如，在推出"日日新 SenseNova"大模型时，商汤科技也展示了基于该大模型的各种 AI 应用。

一是"秒画 SenseMirage"文生图创作平台：支持多种风格高清图片生成，图片光影真实，细节丰富，质量很高。

二是"如影 SenseAvatar"AI 数字人视频生成平台：可以根据真人视频素材生成声音及动作自然的 AI 数字人视频，支持多种语言。

三是"琼宇 SenseSpace"3D 内容生成平台：可以生成大规模、极真实的虚拟场景，以及其中的精细化物品。

相较于大模型，这些单点工具更具针对性，它们在各细分领域的应用将改变相关领域的内容生产范式，为内容生产扩展新的空间。

3. 场景应用

随着大模型及单点工具的不断发展，大模型覆盖的领域会越来越多。以 GPT 系列模型为例，该系列模型产出了多种单点工具，如 ChatGPT、Jasper 等。这些单点工具的应用场景正不断蔓延，例如，ChatGPT 可用于代码生成、智能搜索、文学创作等诸多场景；Jasper 可用于营销文案生成、视频生成、网站运营等诸多场景。

未来，随着大模型的发展，基础大模型的数量、基于大模型的单点工具的数量都会持续增长，MaaS 模式所覆盖的应用场景也会进一步拓展。

4.1.3 盈利模式：帮助企业实现多重盈利

MaaS 模式的盈利前景广阔，能够帮助企业打通多种盈利渠道。整体来看，MaaS 模式的盈利模式主要分为以下两种。

1. 通过提供订阅服务获利

通过提供订阅服务获利是 MaaS 模式的盈利模式之一，ChatGPT 就打通了这种盈利路径。

ChatGPT 分为免费版和付费版。OpenAI 最早推出的免费版 ChatGPT 被称为研究预览版。该版本推出一周后，便收获了近百万粉丝。但用户规模高速增长也引发了许多问题，例如，大量用户涌入导致 ChatGPT 服务器瘫痪。为了避免这种情况，OpenAI 采取了许多限流手段，包括禁止来自云服务器的访问、限制每小时的提问数量、在高峰时段用户需要排队等。

免费版 ChatGPT 面临诸多问题，对此，OpenAI 推出了订阅付费版 ChatGPT。订阅付费版 ChatGPT 被称为 ChatGPT Plus，收费标准是每月 20 美元。ChatGPT Plus 付费用户可以享受 3 项增值服务：高峰时段免排队、快速响应和新功能优先试用。在访问高峰期，用户可能需要排队几个小时，因此，付费用户能够在高峰期访问 ChatGPT 这一增值服务极具吸引力。

除了 OpenAI，还有一些企业通过提供订阅服务获利。例如，AI 企业 Jasper AI 推出了 AI 写作助手 Jasper。Jasper 的底层模型是 GPT-3，能够进行文本生成。因此，Jasper 能够为用户提供写作模板，完成广告文案创作、邮件写作、社交媒体推文撰写等任务，满足用户在不同场景的需求。为了更好地服务用户，Jasper 推出了多档订阅服务，每月最低 29 美元。

2. 通过提供定制化开发服务获利

通过提供定制化开发服务，企业也可以获得收益。在推出 ChatGPT 后，开源大模型、提供定制开发服务收费成为 OpenAI 的主要收入来源之一。

例如，DALL·E 是 OpenAI 推出的一个图像生成系统，能够对图像进行编辑和创建。如果企业对图像生成有需求，可以将该模型应用于自身产品中。企业 Mixtiles 积极与 OpenAI 合作，在自身产品中融入 DALL·E 模型，帮助用户完成内容创作。

此外，时尚平台 CALA 也搭载了 DALL·E 模型。CALA 为用户提供零售平台，用户可以在该平台宣传自己的品牌。同时，CALA 提供一站式服务，包括产品的构思、设计、销售等。而在融入 DALL·E 模型后，CALA 平台用户可以使用搭载 DALL·E 模型的工具上传文本描述或参考图像，获得符合自身需求的设计图。

与 Mixtiles 相比，CALA 对模型的应用的商业化程度要求更高，对细节的要求也更高。虽然二者都使用 DALL·E 模型，但费用存在较大差异。总之，即便是同一个大模型，面对不同的客户需求，提供不同的服务，收费也不同。客户的要求越高，大模型的收费标准则越高。

4.2　To B 服务：为企业调用大模型提供帮助

在工业、金融、办公等领域，MaaS 模式存在巨大的应用空间。当前，已经有一些企业推出了大模型 To B 服务，推动了 MaaS 模式在 B 端的落地，这加速了诸多行业及行业内企业的发展。

4.2.1　聚焦不同应用场景，实现多行业落地

在 To B 场景中，MaaS 模式存在巨大的应用价值。当前，一些科技巨头聚焦工业、营销等领域，提供多样的 MaaS 服务，推动 MaaS 生态繁荣。

从降本增效的角度看，MaaS 模式率先在营销、工业制造等高价值领域落地，变革这些领域的内容生产范式，能提升行业运转效率。例如，在营销领域，MaaS 应用可以为 B 端用户提供定制化的营销服务，包括支持 B 端用户训练自己的专属营销模型、帮助 B 端用户生成营销广告及营销方案等。

同时，MaaS 应用能够赋能企业的多个环节，优化企业运作流程。以工业

制造企业为例，MaaS 应用可以融入工业制造的多个环节，推动工业制造企业智能化发展。

在开发环节，开发者可以基于大模型生成代码，由大模型完成重复性的代码生成任务。在产品设计环节，设计师可以基于大模型的图像生成能力进行三维可视化设计，提升设计效率。大模型甚至可以直接生成设计方案并说明设计方案的优缺点，为设计师的创新提供灵感。

在生产制造环节，大模型能够辅助工人精准设置设备的参数，为工人的操作提供精细化指引。在生产线出现故障时，大模型能够快速诊断并提供解决方案。例如，针对多流程工艺环节，大模型可以生成各环节工艺参数并输出报告，为企业决策提供依据。

在运营管理环节，大模型可以理解并分析 ERP（Enterprise Resource Planning，企业资源计划）、SRM（Supplier Relationship Management，供应商关系管理）等系统中的运营数据。基于此，大模型可以根据企业需求生成 AI 分析报告。同时，大模型也能够与企业各种数据系统融合，实现多维度的数据分析。例如，大模型可以生成 Excel 表格并进行数据分析，帮助管理者了解工厂的运营情况，为管理者的运营决策提供依据。

在服务环节，大模型可以提高产品或服务的响应效率，并创造新的服务形式。比如，大模型可以接入智能家居、智能早教机器人等产品，提升产品的智能性；大模型也可以接入智能客服产品，提升智能客服处理业务的速度和客户服务水平。此外，大模型能够为抖音、微博等平台生成营销内容，并实现与用户的实时互动，助力产品或服务推广。

大模型在知识密集型领域具有巨大的落地潜力，MaaS 模式可以推动大模型的落地。通用大模型具备很多领域的基础知识，但在金融、医疗、法律等知识密集型领域，它往往难以处理复杂的任务。MaaS 模式为大模型在垂直领域的落地提供了一种有效的方式。企业只需要调用大模型接口，使用垂直领域的各种数据进行训练，就能够得到适用于个性化场景的应用。

如今，聚焦垂直领域的大模型得以进一步发展，为更多企业赋能。例如，2023 年 5 月，度小满发布了金融行业垂直开源大模型"轩辕"。基于在金融领域的多年实践，度小满积累了海量金融数据，打造了一个可以用于模型预训练的数据集。该数据集包括金融研报、股票、银行等方面的专业知识，提升了"轩辕"的实际性能。

"轩辕"在金融名词解释、金融数据分析、金融问题解析等场景任务中的表现十分突出，能够对金融名词、概念进行专业且全面的解释，在回答提问时，会给出专业的建议和判断。例如，在分析熊市、牛市对投资人的影响时，"轩辕"除了解读熊市、牛市的概念，还会给出相应的投资建议与趋势分析。

自发布后，"轩辕"吸引了上百家金融机构试用，为这些机构提供大模型支持。金融行业有许多中小机构，其业务规模、科技水平等难以与大型金融机构抗衡，而"轩辕"能够为积极拥抱大模型的中小金融机构提供技术支持，缩小其与大型金融机构的技术差距。

基于 MaaS 模式在 To B 场景中的落地，越来越多的 B 端用户可以借助大模型生成专属模型、研发新产品，提升自身竞争力，为用户提供更好的产品使用体验。

4.2.2 开放 API，帮助企业打造新模型与新产品

开放 API 是科技巨头基于 MaaS 模式提供 To B 服务的主要形式。企业可以将大模型接入自己的产品，推动产品的智能化迭代。

自 ChatGPT 开放 API 后，不少企业都已接入 ChatGPT，更新产品，提升用户体验。汤姆猫是一家互联网企业，以"会说话的汤姆猫家族"为主营 IP。汤姆猫打造了完善的线上线下产业链，业务覆盖许多国家，旗下的汤姆猫系列游戏十分受欢迎，累计下载量超过百亿次。

为了充分挖掘"会说话的汤姆猫家族"IP 的价值，汤姆猫将系列游戏与新技术融合，升级互动场景，提高用户体验。在 ChatGPT 引起市场关注后，汤姆猫积极接入 ChatGPT，借助 ChatGPT 底层模型进行产品测试和研发。

汤姆猫完成了 AI 语音互动功能的测试，给旗下产品增加了语音识别、语音合成和性格设定等功能，对语音交互、连续对话等功能进行验证，并进行了相关技术应用的可行性测试。

除了汤姆猫，360 公司、百度等科技巨头也纷纷推出大模型产品并开放 API，为各个行业的企业赋能。以 360 公司为例，2023 年 6 月，360 公司宣布将面向企业和开发者开放旗下通用大模型"360 智脑"API，为行业提供解决方案。这些解决方案将率先在传媒、能源等行业落地，为企业级用户的办公写作、决策分析、客户服务等赋能。

科技巨头开放大模型 API 可以帮助企业将大模型的各项能力集成到自己的产品中，提升产品性能，促进产品迭代与新产品研发。未来，MaaS 应用将在 B 端广泛落地，赋能更多行业和企业。企业将能够根据自己的实际需求，选择更适合自己的 MaaS 应用。

4.2.3 搭建 MaaS 服务平台，提供系统性服务

除了开发 API 加深对 MaaS 模式的探索，还有一些企业通过打造一站式平台的方式对 MaaS 模式进行完善，提供更加全面的 MaaS 服务。

2023 年 5 月，在"文心大模型技术交流会"上，百度智能云展示了文心大模型在技术研发、生态建设等方面的新进展，其中包括处于内测中的"文心千帆大模型平台"。文心千帆大模型平台是一个企业级大模型生产平台，集成了文心一言大模型及其他第三方大模型，为企业开发和应用大模型提供整套工具和一站式服务。

文心千帆大模型平台主要提供两项服务：一是以文心一言为依托提供大模型服务，帮助企业迭代产品及优化生产流程；二是支持企业基于平台中的大模型，训练自己的专属大模型。基于这两项服务，文心千帆大模型平台有望在未来发展成为大模型生产、分发的集散地。

文心千帆大模型平台支持海量数据处理、数据标注，大模型训练和微调，大模型评估测试等大模型开发的多种任务，覆盖大模型开发全流程。在企业得到与自身业务结合的专属大模型后，文心千帆大模型平台还提供大模型托管、大模型推理等服务，使企业能更加便捷地使用大模型。

文心千帆大模型平台具有诸多优势。在易用性方面，用户不需要了解代码就能够在文心千帆大模型平台中进行各种操作，实现模型训练和微调。在开放

性方面，文心千帆大模型平台集成了诸多第三方大模型，覆盖更多领域和场景。在能力拓展方面，除了平台自身的大模型能力，文心千帆大模型平台还通过插件机制集成了多种外部能力，进一步提升服务能力。

在交付模式方面，文心千帆大模型平台支持公有云服务、私有化部署两种交付模式，满足不同企业对大模型的不同需求。

在公有云服务方面，文心千帆大模型平台提供推理、微调、托管等服务。其中，推理服务支持企业直接调用平台内大模型的推理能力；微调指的是帮助企业进行高质量数据训练，生成针对特定行业的行业大模型；托管指的是对企业训练后的大模型进行后续管理，保证大模型稳定运行。这三种服务大幅降低了大模型的应用门槛。

在私有化部署方面，文心千帆大模型平台开放软件授权，企业可以在自有平台使用大模型；同时，文心千帆大模型平台提供完善的大模型软件和硬件基础设施支持，提供硬件和平台能力的租赁服务等，满足企业对大模型私有化部署的需求。

当前，文心千帆大模型平台已经和用友、宝兰德等企业签约。未来，其将通过更加完善的生态建设驱动 MaaS 服务在更多领域、场景落地。

除了百度智能云推出文心千帆大模型平台，字节跳动旗下云服务平台"火山引擎"于 2023 年推出 MaaS 平台"火山方舟"，为企业提供大模型训练、微调等服务。火山方舟汇聚了 IDEA 研究院、智谱 AI 等多家企业推出的大模型，支持企业进行模型精调和效果测评。企业可以用统一的工作流对接多个大模型，测试不同模型的功能，再从中选择能够满足自身业务发展需求的模型。同时，企业还可以基于不同场景下的需求使用不同的模型，通过模型组合使用的方式赋能业务发展。

在使用大模型时，企业需要解决安全与信任问题。在这方面，凭借安全互信计算技术的支持，火山方舟可以有效保证用户数据资产的安全。

字节跳动内部的很多业务团队已经开始使用火山方舟，利用大模型实现降本增效。这些内部实践加速了火山方舟的完善、优化，使其平台能力进一步增强。此外，字节跳动还邀请了金融、汽车等行业的多家企业对火山方舟进行内测。未来，其平台服务将与客户营销、协同办公等场景结合，提升企业的运营能力。

4.3 To C 服务：探索针对用户的 MaaS 服务

除了针对企业推出 MaaS 服务，一些企业瞄向了数量庞大的 C 端用户，以基于大模型的 To C 服务拓展业务，实现了很好的发展。

4.3.1 探索 MaaS 服务的三个方面

MaaS 服务在 C 端落地能够升级 C 端产品，提升用户的使用体验。一般来说，企业可以瞄准以下三个方面探索 MaaS 服务，如图 4-2 所示。

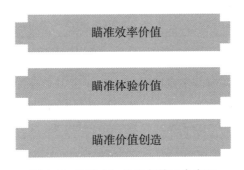

瞄准效率价值

瞄准体验价值

瞄准价值创造

图 4-2　探索 MaaS 服务的三个方面

1. 瞄准效率价值

在提升效率价值方面，MaaS 服务能够变革编程工具、文档工具等，提升用户办公效率。例如，CodeGeeX 是一个基于大模型的 AI 编程工具，支持数十种编程语言，能够完成代码生成、代码翻译、代码补全等任务，提高编程效率和质量，降低编程门槛。CodeGeeX 已免费向用户开放，用户可以通过网页、VS Code 插件等多种方式使用。

2. 瞄准体验价值

提升体验价值是 MaaS 服务的发力点之一，数字人、游戏等注重用户体验的应用将率先产生变革。

2023 年 6 月，在"360 智脑大模型应用发布会"上，360 公司同时发布了基于大模型的智能应用"AI 数字人广场"。该应用支持用户与其中的多个角色互动，包括"孙悟空""诸葛亮"等著名人物角色。

"AI 数字人广场"中的数字人包括两类：一类是大众熟知的数字名人；另一类是为用户提供各种专业服务的数字助理。数字名人能够根据用户的提问给出相应的回答或建议；而数字助理的回答则更加专业，可以提供专业的法务知识、策划方案等。同时，该应用还支持数字人定制，能够根据用户上传的私人数据为用户生成人设、性格鲜明的专属数字人。

这一应用展示了 MaaS 服务在 C 端落地的一种可行性路径。基于大模型的赋能，数字人变得更加智慧，不仅可以完成更加复杂的工作，还拥有接近人类的思维方式、鲜明的性格特征等，能够以朋友的身份给予用户更贴心的陪伴。

3. 瞄准价值创造

在价值创造方面，MaaS 服务在 C 端落地将推动内容大爆发，提升 C 端消费级应用的服务能力。在大模型的支持下，文本生成、图像生成、视频生成、3D 建模等应用的功能将进一步优化，为用户带来便捷的使用体验。当前，各大开源社区中汇集了许多面向个人用户的 AI 绘画工具、AI 编程工具等，可以辅助用户进行研发设计，发挥创意。

阿里巴巴搭建了较为完善的 MaaS 体系，包括基础通用大模型、企业专属大模型、API 服务、开源社区等。未来，阿里巴巴所有产品，包括淘宝、闲鱼、高德地图等，都将接入大模型，实现升级，优化用户的使用体验。

MaaS 服务将按照以上三个方面向 C 端的更多领域、场景拓展。随着各企业的大模型研发实践更加深入，基于大模型的 AIGC 产品将在未来密集落地，覆盖人们生活的方方面面。

4.3.2　智能硬件成为重要入口

当前，天猫精灵、小度智能音箱等智能硬件都已接入大模型，在知识丰富性、沟通个性化方面实现了提升。智能硬件成为企业探索 C 端 MaaS 服务的重要入口。未来，在大模型的支持下，智能硬件将进入更多场景中，C 端个性化定制将成为大模型应用的新方向。

个性化大模型更加适用于 C 端场景。例如，在居家场景中，搭载个性化大模型的智能硬件被赋予角色设定，包括身份、性格、偏好等。当用户与智能硬件沟通时，智能硬件可以生成个性化的回复。

为通用大模型注入个性化因素成为一个重要的探索方向，而智能硬件作为个性化大模型的承载主体，将成为新的流量入口。同时，智能硬件也可以基于大模型实现新生。一直以来，传统智能音箱、扫地机器人等智能硬件在智能性方面饱受诟病，而接入大模型则可以使这些智能硬件真正实现智能化，满足用户更多个性化的需求。

在大模型的助力下，更加先进的智能硬件，如智能陪护机器人、早教机器人等有望实现技术创新，获得进一步发展。例如，智能陪护机器人可以与用户进行个性化互动，与用户顺畅地沟通。基于此，智能陪护机器人可以精准了解用户需求，为用户提供更加贴心的服务。除了提供多样化服务、安全监护，凭借大模型智能生成能力，智能陪护机器人还拥有多媒体娱乐功能。

总之，个性化大模型能够实现智能硬件交互方式、功能等方面的升级，满足用户的个性化需求。未来，个性化大模型有望率先在智能家居领域实现应用。

4.3.3　大模型走向 C 端

当前，除了面向 B 端的大模型，面向 C 端的大模型也纷纷涌现，为用户提供丰富的 MaaS 服务。

例如，2023 年 5 月，AI 科技企业云从科技推出了自主研发的大模型——"从容大模型"。从容大模型主要面向 C 端，为用户提供更加智能、便捷的 MaaS 服务。

基于实时学习和同步反馈结果，从容大模型能够为 AI 应用落地提供助力，加速个性化 AI 应用的普及。基于上下文学习能力，从容大模型能够实现更好的交互，可应用于游戏、金融等方面，为用户提供更好的服务体验。

在传媒方面，凭借从容大模型的支持，云从科技推出了数字人直播平台。在平台中，用户可以自由选择背景、主播、语音、直播的风格等。大模型可以生成直播文稿、在直播中回答互动问题等，大模型也会对直播进行监控，为主播生成各种直播内容提示。

在教育方面，AI 企业众数信科基于从容大模型打造了智能教育 AI 精灵。教师可以借助 AI 精灵批量生成不同类型、不同难度的题目。AI 精灵可以作为教师的助手，对学生的学习表现做出评价，减少教师的工作量。

在游戏方面，云从科技致力推动大模型在游戏领域的应用，以提升游戏开发及发行效率。其与游族网络携手，共同研发了游戏领域的垂直大模型，合作成果应用于游族网络产品研发、发行等环节中。

在金融方面，云从科技基于从容大模型研发的虚拟客户经理具备多样化的智能交互能力，如智能问答、多意图理解、动态追问等。虚拟客户经理可以提升金融机构的客户服务能力，实现从客户引流、营销到客户运营全流程的智能化。

在智慧城市方面，从容大模型能够结合当天的天气情况、交通情况等，为用户提供科学的出行建议。

云从科技已与神州信息、游族网络、今世缘等企业达成合作，携手探索基于大模型的多样化产品。此外，云从科技还与华为昇腾、厦门文广传媒集团有限公司等开展大模型生态合作，推动从容大模型日渐成熟。

第 5 章

搜索引擎：AIGC 加快搜索智能化进程

随着 AIGC 技术的发展，信息检索方式迎来了变革。AIGC 能够更准确地理解用户的需求，并结合数据处理、内容生成等能力，提供个性化的搜索结果。这无疑加快了搜索引擎智能化发展进程。当前，微软、百度等企业已经在这方面进行了探索，推出了智能化的搜索引擎。

5.1 AIGC 引发变革：生成搜索内容与体验革新

AIGC 与搜索引擎的结合将带来两大方面的变革。一方面，搜索引擎不再只是将相关内容展示在用户面前，而是能够对内容进行整理、分析，生成更贴合用户需求的搜索结果。另一方面，AIGC 能够让搜索过程更加便捷、安全，提升用户体验。

5.1.1 根据搜索生成内容，贴近用户需求

AIGC 能够改变传统搜索方式，提供更加精准、个性化的搜索结果，提高搜索内容的质量和用户满意度。

传统搜索方式虽然能够实现信息搜索，但存在一些缺陷。一方面，搜索引擎无法深度了解用户搜索的意图，无法给出精确的搜索结果。另一方面，用户通过搜索得到的文本、图片、视频等内容混杂，用户需要耗费时间对各种形式的内容进行筛选与整理，最终才能得到有效信息。这无疑增加了用户的搜索成本。

与之相比，AIGC 智能搜索更加便捷。AIGC 能够基于用户输入的内容准确理解用户的意图并给出结果。同时，AIGC 具备对海量信息的整合、提炼能力，对于用户输入的问题，AIGC 能够基于对相关内容的整理，提炼生成新的内容，

使结果更符合用户的要求。

在智能搜索方面，知乎进行了多方面的探索，在发布了具有热榜摘要功能的"知海图AI"大语言模型后，又与面壁智能合作，发布了具备大模型能力的应用"搜索聚合"和对话类应用"面壁露卡"等。

"搜索聚合"将大模型的能力应用于知乎搜索上。用户搜索时，系统能够根据大量提问与回答进行观点聚合，有效提高用户获得信息、做出决策的效率。"面壁露卡"功能丰富，能够实现内容自动生成、语音理解、数据处理等。

总之，在AIGC智能搜索的支持下，用户搜索到的内容不再只是搜索引擎根据关键词匹配的内容，而是根据相关内容生成的新内容，有效提升了搜索结果的精准性。随着AIGC与搜索引擎的结合，生成式搜索成为搜索引擎发展的新方向。

5.1.2 提供便捷、安全的搜索体验

接入AIGC能力的搜索引擎不仅能够生成文本、图像、视频等多种内容，在提升搜索内容丰富性的同时更清晰地展示搜索结果，还能有效保护用户隐私。

例如，"You.com"是一个基于AIGC的生成式搜索引擎，能够为用户提供定制化的搜索体验，同时保证用户隐私数据的安全性。基于这一引擎，用户可以获得更加智能化的搜索服务。

You.com引入了GPT-4和图像模型Stable Diffusion XL，能够为复杂的搜索提供文本、图像、表格等丰富的内容，提高了搜索的准确性。同时，You.com支持多维界面，且界面可以实现水平和垂直滚动，用户可以快速发现更多信息。

从商业应用方面看，You.com面向广泛用户群体提供丰富的应用生态，支持百余个应用的个性化搜索，能够满足用户的多样化搜索需求。同时，其能够为企业提供定制化的搜索解决方案，在市场中占据了一席之地。

You.com以用户的利益为重，能够保护用户的隐私。在隐身模式下，用户的IP会被隐藏，用户可以放心使用。

总之，生成式搜索可以为用户提供丰富的内容，保护用户隐私，给用户带来更好的搜索体验。

5.2　多企业借 AIGC 打造智能搜索引擎

"AIGC+搜索引擎"成为搜索引擎发展的新方向。在这方面，微软将 GPT-4 模型与搜索引擎结合，谷歌、百度等企业也纷纷加深了探索，推进搜索引擎的智能化迭代。

5.2.1　微软：推出融入 GPT-4 的 New Bing

基于与 OpenAI 的合作关系，微软在布局 AIGC 方面具有得天独厚的优势。在搜索引擎方面，微软积极将 GPT-4 接入旗下搜索引擎 Bing，打造了具有智能生成能力的新版搜索引擎 New Bing。New Bing 具有诸多优势，如图 5-1 所示。

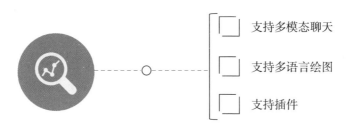

支持多模态聊天

支持多语言绘图

支持插件

图 5-1　New Bing 的优势

1. 支持多模态聊天

基于 GPT-4，New Bing 能够实现智能化的多模态聊天，能够根据用户的提问回答问题，为用户提供建议和策略。在回答问题时，New Bing 不仅可以输出文本，还可以输出图像、音频、视频等形式的内容，提升了内容的丰富性。

2. 支持多语言绘图

New Bing 的绘图功能支持上百种语言，为全球用户提供便利。同时，基于强大的图像生成能力，New Bing 能够在短时间内生成符合用户要求的精美图片。

3. 支持插件

New Bing 支持各种插件，让任务处理更加高效。当前，New Bing 支持的插件包括 OpenTable、Wolfram Alpha 等。这些插件让 New Bing 的功能进一步拓展，适用于更多应用场景。

此外，New Bing 能基于先进的算法，根据用户需求为其提供个性化的搜索体验；保护用户隐私，让用户放心地提供个人信息和数据。New Bing 支持多种操作系统，如 Windows、Android、iOS 等。

5.2.2 谷歌：推进搜索引擎迭代

谷歌是搜索引擎领域的重要玩家，在 AIGC 蓬勃发展的大趋势下，谷歌及时抓住机遇，积极探索生成式搜索。

2023 年 5 月，谷歌举办了"I/O 开发者大会"。在此次大会上，谷歌表明其正在尝试将 AIGC 技术与各类产品相结合，以实现产品升级、用户体验优化。

谷歌在"I/O 开发者大会"上发布了生成式搜索引擎产品，并当众进行了演示。在演示过程中，针对"为什么某食物会受到用户的欢迎"的问题，传统搜索引擎给出网页搜索结果，而生成式搜索引擎则生成了几段摘要，包括该食物的味道、优点等，并附有网站链接，网站中的内容印证了摘要。谷歌将这种形式称为"AI 快照"。

生成式搜索引擎还能帮助用户挑选产品。例如，用户搜索好用的蓝牙音箱，生成式搜索引擎将会生成购买蓝牙音箱的建议，并附上常见的问题，包括电池、防水效果、音质等；还会附上购买链接，为用户提供多种选择。

在公布以上成果后，谷歌持续加深了对生成式搜索的探索。随后，谷歌在旗下 Chrome 浏览器的搜索结果页中加入了"搜索生成体验"功能，探索生成式搜索。在该功能的支持下，当用户询问某个地方怎么样时，搜索结果会呈现对该的描述、相关攻略以及相关用户评论，内容十分丰富。

在 2024 年谷歌"I/O 开发者大会"上，谷歌公布了搜索引擎升级迭代的成果。一是推出 AI Overviews 功能，实现 AI 生成摘要。在用户搜索较为复杂的问题时，搜索结果最上方将呈现生成的摘要。二是加入提前规划功能。谷歌搜索能够根据用户的要求为用户定制饮食计划、推荐附近有优惠折扣的商家等。三是推出视频搜索功能。用户可以拍摄一段视频来搜索所需内容。例如，用户在搜索时打开相机，以视频的形式展现损坏的物品，并询问怎样修理它。这些功能进一步拓展了搜索的边界。

未来，谷歌将持续加深对生成式搜索的探索，以不断迭代的 AIGC 技术赋能搜索引擎产品，打造更加智能化的功能。

5.2.3 百度：打造智能化搜索引擎

百度是我国搜索引擎领域的领头羊，同时其在 AI 领域也积累了深厚的技术实力。在 AIGC 风潮下，百度不断拓展业务边界，借 AIGC 技术优势打造智能化搜索引擎。

百度在 AI 领域持续探索，主要研发方向包括人工智能芯片、深度学习平台和预训练大模型等，在智能搜索方面也有所成就。百度率先提出了"多模搜索"的概念，搜索模态从单模态的文本逐渐拓展到多模态的语音、视频等。

智能化搜索为用户带来了独特的体验，用户可以在百度 App、网页中采取多种方式进行搜索，包括语音搜索、图片搜索、视频搜索等，搜索结果也更丰富。

在语音搜索方面，百度使用了多种与语音有关的 AI 技术，使搜索引擎能"听"会"说"。搜索引擎不仅能够听懂用户的语言，还能够深入理解语言的含义，给出最佳答案，与用户之间的交互更加顺畅。

在视觉搜索方面，百度搜索运用了多种视觉技术，能够依托搜索系统，结合网络图像、用户行为等识别用户需求，为用户提供相关服务。例如，拍照搜题、商品搜索、实时翻译等，都是百度搜索的功能。

在视频搜索方面，用户可以直接上传视频进行搜索。百度使用了大规模的知识图谱，可以实现精准搜索、定位。百度视频理解、检索等技术不断升级，为用户提供了丰富的搜索体验，拉动了视频消费需求。

百度搜索不仅可以实现视频搜索，还可以生成视频。AI 可以将百家号中的图文内容转化为视频，这是百度智能搜索方面最为重要的技术之一。这种技术即生成式搜索，能够借助百度研发的生成式模型的能力，为用户的个性化提问创作答案。

对于用户无法直接获取的知识，百度智能搜索可以借助 AI 技术对已有的数据进行梳理、推理、加工与生产，实现知识生成。

百度在智能搜索、生成式搜索方面的突破离不开跨模态大模型"知一"与新一代索引"千流"的助力。知一基于全网的资料进行持续学习，包括文本、图片和视频等，并将这些资源融合，能够理解用户的搜索需求。千流可以将不同维度的信息整合起来，推动传统索引升级为覆盖多领域、多维度的立体栅格化索引。这两项技术突破使百度搜索更加智能，更了解用户的需求，从而在专业领域持续领跑。

百度推动生成式搜索在更多领域实现深度应用，进一步释放百度搜索的差异化优势，满足用户获得个性化信息的需求。未来，百度搜索将在 AI 技术的支持下进行全面升级，更智能化，更了解用户。

5.3 电商搜索的智能化变革

除了日常搜索，AIGC 也能够深刻改变电商搜索，帮助企业实现更精准的个性化推荐，为用户提供更符合其需求的商品。

5.3.1 AIGC 融入搜索广告，实现个性化推荐

搜索广告是电商领域的主要营销方式之一，能够帮助企业实现商品推广，促进商品转化。搜索广告具有以下 5 种优势，如图 5-2 所示。

1. 实现精准投放

搜索广告的针对性强，能够实现精准的广告投放。例如，某用户搜索某款产品或服务，搜索引擎可以根据用户的搜索内容为其推荐相关产品或服务，达到精准推广的效果。

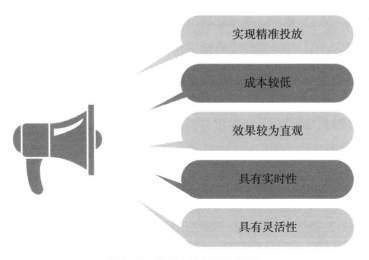

图 5-2 搜索广告的 5 种优势

2. 成本较低

与传统广告相比，搜索广告的成本相对较低。传统广告的投放渠道很多，包括广播、电视等，而搜索广告的投放渠道相对较少、覆盖面相对狭窄，因此，投放成本较低。

3. 效果较为直观

广告主可以通过广告投放平台了解广告投放效果，并根据效果改进广告投放计划。

4. 具有实时性

搜索引擎能够根据当下的热点新闻、搜索热词等了解用户的需求，并为用户推送关联度高、实时性强的广告。

5. 具有灵活性

根据广告主营销方向的变化，搜索广告的内容以及策略也可以灵活变化。此外，搜索广告的形式多样，有图片、视频等形式。

与 AIGC 结合后，搜索广告将发生以下变化。

（1）更加个性化。传统搜索广告主要依赖用户输入的关键词，呈现的搜索结果不够全面，无法满足用户在不同场景下的不同需求。而 AIGC 可以基于深度学习能力，构建更精准、更丰富的用户画像，提高搜索广告的准确性。AIGC还可以根据用户的兴趣、偏好等数据，在不同的场景为用户推送不同的搜索广告，为用户带来优质、个性化的搜索体验。

（2）广告形式更丰富，广告效果提升。传统广告投放的内容往往是广告主提供的单一素材，无法满足用户多样化的需求，推广效果不佳。而 AIGC 能够生成多种形式的广告内容，如文本广告、图片广告、视频广告等，广告更具趣味性。AIGC 还能分析用户的各类信息，生成更能引发用户兴趣的内容，提高搜索广告的投放效果。

（3）搜索准确度提升。传统搜索引擎主要利用关键词进行结果匹配，存在无法准确获知用户的搜索意图、无法识别复杂语言等缺点。而 AIGC 能够根据上下文了解用户意图，全面理解用户的问题，提供更加精准的搜索结果。

（4）用户体验感更好，用户满意度提高。AIGC 可以在理解用户意图的基础上为用户提供个性化的内容，增强用户体验感，提高用户满意度。

总之，AIGC 能够为搜索广告行业带来巨大的变革。AIGC 与搜索广告结合，可以实现个性化推荐，从而提高搜索广告的转化率。

5.3.2 亚马逊：布局 AIGC，升级电商搜索

作为电商领域的龙头企业，亚马逊积极探索 AIGC，升级电商搜索。亚马逊在企业内部组建了专门的团队——M5 搜索团队，负责大模型研发。

M5 搜索团队专注优化亚马逊的发现式学习策略、构建多模态大模型，以支持多语言、多实体和多任务。M5 搜索团队的许多工作都是实验性的。为了能够快速开展实验并进入生产阶段，该团队需要同时训练上千个参数超过 2 亿的模型。

随着探索的深入，亚马逊搜索具备了构建大规模机器学习模型的能力。通过与亚马逊云科技合作，M5 搜索团队开发了一些新功能，实现了跨区域计算，解决了性能问题，为持续发展奠定基础。

为了使用户搜索时的表述更加精准，进一步提高搜索结果的准确度，亚马逊推出了基于智能搜索的大语言模型增强方案。该方案主要有 5 项核心内容，

如图 5-3 所示。

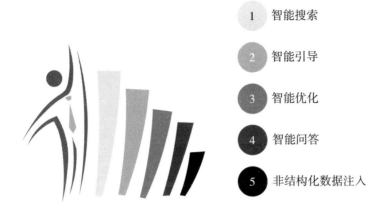

1 智能搜索

2 智能引导

3 智能优化

4 智能问答

5 非结构化数据注入

图 5-3　大语言模型增强方案的 5 项核心内容

1. 智能搜索

传统搜索依靠关键词进行问答匹配，虽然能够有效查找答案，但存在一定的局限性。例如，传统搜索无法识别同义词，不具备抽象能力，容易将一些无关词汇匹配起来。为了解决这些问题，该方案引入了意图识别模型，能够提取关键词，避免一些无关词汇影响搜索结果的准确性。

2. 智能引导

搜索结果不准确可能出于两种原因：一是搜索引擎的能力不足；二是搜索的问题不够准确与具体。该方案提出了一种引导式搜索机制，能够丰富搜索表述，提升搜索结果的准确性。

3. 智能优化

随着知识库不断更新，搜索准确度可能会有所下降。一方面，数据库和搜索引擎还没有完全磨合；另一方面，一些过时的信息没有被及时处理。针对这些问题，该方案基于用户行为对搜索引擎进行了升级。

主要有两个步骤：第一步是收集用户历史行为数据；第二步是利用数据对模型进行训练和部署。通过分析用户历史行为，亚马逊可以了解搜索词条与知识库内容的关联程度。亚马逊部署了一个重排模型，该模型能够根据用户的历史行为将用户喜欢的内容排在前面，实现个性化的搜索。

4. 智能问答

该方案将知识库与大语言模型结合。用户输入问题后，搜索引擎会从知识库中提取相关内容，借助大语言模型对内容进行总结，然后给出答案。

5. 非结构化数据注入

可供搜索引擎检索的知识库往往是一种结构化的数据库，但企业的原始数据往往是以非结构化的形式存储的，源于多个渠道，具有多种形式。为了使这些数据结构化，该方案提供了非结构化数据注入功能，能够将企业的非结构化数据自动拆分并进行向量编码，帮助企业构建结构化知识库，提高搜索效率。

总之，亚马逊从多个角度对大模型进行了研究，并利用大模型赋能电商搜索，不断优化用户的电商购物体验。

第 6 章

互动娱乐：AIGC 打造新产品与新体验

在互动娱乐领域，AIGC 催生了多元化、智能化的娱乐产品，为用户带来了新奇的娱乐体验。在社交、游戏、音视频等领域，都已出现多样的 AIGC 驱动的娱乐玩法，有力推动了互动娱乐市场的繁荣。

6.1　AIGC 变革社交娱乐，打造多样社交玩法

在社交娱乐方面，AIGC 已经融入诸多社交平台，如抖音、Soul 等。这些社交平台通过推出 AIGC 创作工具、多样的社交玩法等，进一步提升了用户黏性以及平台内容的丰富性。

6.1.1　社交平台推出创作工具，丰富平台内容

在社交平台上，用户往往会创作一些文字、图像等，进行社交表达。AIGC 能够为用户的社交创作提供工具，帮助用户将创意变成现实。当前，不少社交平台都在这方面进行了探索。

例如，抖音旗下的视频编辑应用剪映推出了文生图/视频工具 Dreamina，可以帮助用户在抖音上创作图文、短视频等。基于用户输入的文字要求，Dreamina 能够自动生成不同风格的创意图，供用户选择。用户还可以自行调整图片的大小比例、模板类型等。

除了抖音，美图也推出了 AIGC 工具，为用户提供多种创作方式。2023 年 5 月，美图旗下应用美图秀秀上线了美图 AI 频道，包括 AI 绘画、AI 视频等功能，为用户产出多样化的社交内容提供助力。

AI 绘画功能为用户提供文生图、图生图、头像制作、线稿上色等多种创作方式，帮助用户轻松将想法转化为图像内容。借助该功能，用户能够获得创意

图片、个性化的头像、更完善的绘画作品等，丰富社交素材。

AI视频功能能够转变视频表现形式，将真人视频转化为动漫化作品。同时，用户还可以通过画质修复、分辨率提升等功能改善视频质量。针对夜间拍摄的视频，夜景提升功能能够增强光线与细节，使夜景更加清晰、生动。

美图AI频道的上线，使美图秀秀集多种AIGC功能于一身，为用户提供了统一的AIGC功能入口与多样化的AIGC功能。

总之，AIGC不仅能够辅助用户快速创作社交内容，还能够提升社交内容的丰富性。在多样化的AIGC创作工具的支持下，用户内容创作与社交体验将进一步提升。

6.1.2 驱动虚拟社交发展，社交形式更新

虚拟社交是线上社交的一种重要形式。用户可以借助虚拟形象、虚拟身份，在虚拟场景中进行虚拟社交，获得沉浸式的社交体验。AIGC在社交场景的落地将进一步推动虚拟社交的发展，这主要体现在以下三个方面，如图6-1所示。

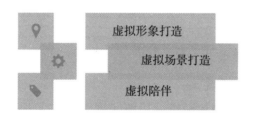

图6-1　AIGC驱动虚拟社交发展的几个方面

1. 虚拟形象打造

当前，以虚拟形象进行社交已经成为一个时尚潮流趋势，社交平台Soul、快手等都上线了虚拟形象打造功能。Soul支持用户自定义虚拟形象，并以虚拟形象进行社交；快手支持用户打造虚拟形象以进行直播互动。

拥有虚拟形象打造功能的AIGC应用"妙鸭相机"也受到了用户的追捧。通过上传自己的照片并选择自己喜欢的模板，用户就能获得自己的虚拟形象。

其原理是基于 AIGC 技术捕捉用户照片中的关键元素，与用户选择的模板相结合，生成不同风格的虚拟形象。

2. 虚拟场景打造

虚拟场景是用户以虚拟形象进行虚拟社交的重要依托。当前，一些支持虚拟社交的平台往往拥有多样化的虚拟场景，支持用户举办派对、玩游戏等。在 AIGC 技术的支持下，用户打造虚拟社交场景成为可能。借助 AIGC 工具，用户可以自行创建、改变虚拟社交场景，获得更加自由的社交体验。

当前，Soul 在这方面已经进行了尝试，推出了自主研发的 NAWA 引擎。该引擎集成了 AI、渲染、图像处理等技术，支持用户打造虚拟场景。

3. 虚拟陪伴

社交的本质是连接与陪伴，恰到好处的陪伴是用户所需要的。而基于 AIGC，社交场景中的其他虚拟人物、虚拟宠物等将具备更强的智能性，能够与用户进行智能化交互。社交平台甚至能够基于用户的兴趣、年龄等，为用户打造专属的虚拟伴侣，满足用户的交流需求。在 AIGC 的支持下，虚拟伴侣不仅能够和用户聊天、玩游戏等，还能提供情绪化建议，给予用户情感关怀。

总之，在 AIGC 的支持下，虚拟形象打造、虚拟场景打造、虚拟陪伴等都将实现，从多方面给用户带来智能化的虚拟社交体验。

6.1.3 Soul：借 AIGC 探索新社交玩法

自创立以来，社交平台 Soul 始终紧跟市场趋势，积极探索新技术与新应用。面对 AIGC 与社交结合的趋势，Soul 积极探索二者结合的新玩法，不断更新用户的社交体验。

Soul 在游戏场景 "狼人觉醒" 中引入了 AI，这意味着以往需要用户扮演的游戏角色，如今可以由 AI 扮演。AI 可以扮演游戏中的任何角色，具备伪装、领导、对抗等能力，能够与用户进行自然交互，提升用户的游戏体验。

Soul 还上线了 AI 聊天机器人 "AI 苟蛋"。AI 苟蛋具备多模态、时间感知等能力，能够对图片、文字等进行回复，与用户进行文本式游戏化互动，受到了很多用户的喜爱。例如，对于用户发布的聚餐照片，AI 苟蛋能够凭借时间感知能力、图片识别能力等，"猜"到这是用户的生日聚餐，主动为用户送上祝福。同时，它还能基于与用户的历史聊天记录，成为具有用户个人专属记忆的虚拟伙伴。

用户与 AI 苟蛋对话，能够收获超出预期的情绪价值。例如，用户在平台中分享自己的考研成绩，AI 苟蛋会留言"你真棒，努力会得到回报""未来路还长，要继续加油"等。对于很多日常生活中的问题，AI 苟蛋都能够对答如流，与用户进行自然、顺畅的对话。

在音乐社交场景中，Soul 也打造了新奇的互动玩法。2024 年 2 月，Soul 推出了"懒人 KTV"活动。用户可以录制自己的音频，打造专属声音模型，并通过 AI 唱歌模式，一键合成个性化的音乐作品。除了单人演唱，此次活动还支持 AI 合唱。用户可以与好友一起完成音色克隆，打破时空界限合唱，获得新奇、有趣的音乐社交体验。

创新音乐玩法的背后，体现了 Soul 对 AIGC 的布局。Soul 推出了自主研发的音乐创作引擎"伶伦"。该引擎具备强大的音频深度学习能力。在音域控制方面，该引擎升级为多人多尺度自适配模型，保证多人合成的相似度；在歌声合成方面，该引擎升级为先进的去噪扩散概率模型，提升了合成音乐的音质。此次"懒人 KTV"活动中的 AI 合唱功能就是基于伶伦引擎实现的。

基于 AIGC 音乐创作能力，伶伦引擎支持用户生成 AI 音乐作品，降低了用户以音乐表达自我、进行社交的门槛，满足了用户对差异化社交、沉浸式社交的需求。

总之，AIGC 与社交的结合，为用户提供了多样化的社交模式，在提升用户体验与黏性的同时也推动了社交平台繁荣发展。

6.2 AIGC 变革游戏娱乐，加深游戏与用户的连接

在游戏娱乐领域，AIGC 能够助力游戏创作。AIGC 能够加速游戏开发，为玩家提供工具，让更多玩家参与到游戏创作中。同时，AIGC 能够帮助企业打

造多样的游戏玩法，提升游戏的吸引力。

6.2.1　AIGC 助力游戏开发

在游戏娱乐领域，游戏开发效率与玩家的体验密切相关。而 AIGC 能够从多方面助力游戏开发，提升效率。

为了提升游戏的视觉效果，游戏开发者需要投入大量时间与资源进行游戏美术制作。这无疑拉长了游戏制作周期，而且成本很高。而借助 AIGC 工具，游戏开发者能够大幅提升效率并降低成本。

例如，游戏开发者可以借助 Midjourney、Stable Diffusion 等 AIGC 工具，生成符合需求的美术初稿，再进行手绘修正。游戏开发者也可以借助这些 AIGC 工具进行手绘线稿的上色、绘画风格转换等，得到更加完善的美术作品。

除了游戏美术制作，AIGC 还能辅助开发者进行游戏策略生成。例如，游戏开发者在 AIGC 工具中输入游戏基本信息，如游戏设定、游戏战斗模式、关卡设计等，AIGC 工具就能根据这些内容生成游戏大纲、游戏策略建议等。

当前，已经有一些企业将 AIGC 应用到游戏研发中，以提升研发效率。以网易伏羲为例，网易伏羲持续探索 AIGC 与捏脸技术的结合，打造了照片捏脸、文字捏脸等智能捏脸技术。在智能捏脸技术中，网易伏羲嵌入了一种多模态深度学习模型，以发掘美学规律，生成具有美感、不重复的游戏角色。基于这一技术，游戏开发团队可以快速生成符合人设要求的 NPC。

除了捏脸技术，网易伏羲在 AIGC 绘画方面也进行了探索。例如，网易伏羲打造了一款图标生成工具，游戏开发团队可以凭借这款工具批量生成道具、技能图标等。

除了积极进行 AIGC 技术、AIGC 工具研发，网易伏羲在游戏文本生成、动画制作等方面也进行了探索。未来，在多种技术的支持下，AIGC 将融入游戏开发的更多环节，从多方面提升游戏开发效率。

6.2.2　AIGC 助力玩家参与游戏创作

AIGC 能够为游戏开发提供工具，有效降低游戏开发门槛，玩家也能成为游戏开发者。在游戏中，玩家能够根据自己的偏好设计游戏场景、游戏道具等，游戏体验大幅提升。

在这方面，知名的在线游戏创作平台 Roblox 已经进行了探索。Roblox 既是游戏平台，也是游戏创作平台，支持玩家进行多样化的游戏创作。在 AIGC 火热发展的趋势下，Roblox 积极探索 AIGC 创作工具，为玩家进行游戏创作赋能。

2023 年 3 月，Roblox 在旗下开发工具平台 Roblox Studio 测试版中推出了 AIGC 工具 Material Generator（材质生成器）和 Code Assist（代码辅助）。Material Generator 是一种图像生成工具，能够根据玩家的提示生成图像。基于此，玩家能够在游戏创作中改变物体的材质。Code Assist 能够根据相关描述自动生成代码，辅助玩家进行代码生成。这把玩家从重复性代码编写工作中解放出来，有更多精力设计游戏。

在 2023 年 9 月的开发者大会上，Roblox 公布了一款新的 AI 助手 Roblox Assistant。Roblox Assistant 能够与玩家进行自然对话，并根据玩家给出的文字提示生成游戏场景，如生成遗迹类游戏场景、玩家基地等。同时，Roblox Assistant 能理解各种风格描述，如生成冬天的树木、添加魔幻色彩等。

当前，Roblox Assistant 只具备一些基础功能，但在 Roblox 的愿景中，Roblox Assistant 将具备更强大的生成能力，能够从零开始制作 3D 模型、生成复杂的游戏等，减少玩家在游戏创作中对特定技能的依赖。

AIGC 创作工具的迭代，可能会引发新一轮游戏创作革命。即便是在开放的游戏创作平台中，玩家创作游戏也离不开编程的助力，而 AIGC 创作工具能够辅助玩家编程，大幅降低游戏创作门槛，为更多玩家提供游戏创作的机会。未来，全民创作游戏或将成为现实。

6.2.3 网易：借 AIGC 打造智能 NPC

NPC 是游戏中的核心要素，在 NPC 的帮助下，玩家能够更好地理解游戏世界，开启不同的游戏副本，获得丰富的游戏体验。随着 NPC 的智能化发展，玩家能够与 NPC 进行更加自然的互动，获得更加沉浸的游戏体验。

网易在游戏《逆水寒》中接入了 AIGC 能力，打造出更加智能的 NPC。玩家与NPC互动可以触发不同的剧情，解锁不同的任务，获得新奇的游戏体验。例如，玩家对NPC说"你家着火了"，NPC会中断与玩家的战斗，赶回家灭火；当玩家挑战BOSS时，玩家曾经帮助过的NPC会伸出援手，帮助玩家对战BOSS。得益于AIGC的强大智能性，NPC有了更多拟人的特质，玩家可以获得更真实的游戏体验。

除了网易，法国游戏公司育碧公布了一个名为"NEO NPCs"的项目，致力打造更加智能的NPC，革新玩家与NPC的交互方式。NPC有各自的性格、背景故事、对话风格等，基于语言模型生成对话，具备更强的智能性。

在演示中，玩家能够通过语音与NPC互动，NPC会回应玩家并鼓励其探索游戏。在玩家询问游戏问题时，NPC会基于自己的观察给出答案。同时，NPC能辅助玩家制定游戏规则，为玩家提供可行的游戏策略。

基于AIGC的赋能，NPC将变得更加智能，不仅能够在游戏世界的规则下生成多样的支线剧情，拓展游戏边界，还能与玩家进行自然、灵活的交互，提升玩家的互动体验。NPC不再只是推进游戏剧情的旁观者，而是可以更深入地参与游戏，与玩家建立深层次的连接，这能够大幅提升游戏的可玩性和对玩家的吸引力。

6.3 AIGC更新音视频体验，助力用户创作

音视频领域也是互动娱乐的重要细分领域之一。在这方面，AIGC能够赋能AI音乐创作、视频生成等多个方面，为用户提供创作平台，更新用户的创作体验。

6.3.1 AI音乐迎来发展新机遇

在AIGC未出现之前，AI音乐创作不是一件容易的事，对创作者的专业性要求较高。而AIGC与AI音乐的结合极大地降低了AI音乐创作门槛，不懂乐理知识的用户也可以进行音乐创作。

2023年1月，谷歌推出AI音乐生成模型MusicLM。在谷歌推出MusicLM

之前，OpenAI 推出的音乐生成软件 Jukebox 已经能够生成音频。但 Jukebox 只能创作出相对简单的音乐，无法创作出高质量、复杂的音乐。如果想要实现真正意义上的音乐生成，就需要利用大量的数据对大模型进行训练。而 MusicLM 能够利用大量的数据进行训练，创作出复杂的音乐。

用户只需要在 MusicLM 中输入文字或音乐，MusicLM 便可自动生成音乐，并且曲风丰富。MusicLM 还能根据图像生成音乐，《星空》《格尔尼卡》《呐喊》等著名画作都能作为生成音乐的素材。这是 AI 音乐生成领域的一个重大突破。

MusicLM 还能根据用户提供的抽象概念生成音乐。例如，用户想要为一款战略型游戏配一段音乐，可以输入自己的要求"为战略型游戏配乐，节奏紧凑"，MusicLM 便会生成相应的音乐。

腾讯也在 AIGC 音乐生成领域进行了探索。腾讯以"TME Studio"推动了 AIGC 与音乐领域的融合发展。TME Studio 是腾讯音乐推出的辅助创作工具，主要有四种功能，分别是音乐分离、MIR 计算、辅助写词和智能曲谱。

音乐分离能够分别提取音乐中的人声以及鼓声、钢琴声等乐器声。MIR 计算能够基于对音乐内容的理解与分析，识别音乐中的各种要素，包括节奏、节拍、鼓点等。该功能能够挖掘音乐中的深层信息，使 AI 更加了解用户。辅助写词是一款作词工具，能够通过多种语料素材，帮助用户找到合适的词汇，为用户提供创作灵感。智能曲谱能够为歌曲生成其他曲谱。用户只需要上传音乐，TME Studio 便可生成曲谱。

酷狗音乐也推出了"音色制作人"，为音乐领域注入了全新活力。音色制作人的使用方法十分简单，用户只需输入声音，音乐制作人便能够对用户的声音进行学习，并借助 AI 生成专属的音色，进行歌曲制作。用户还可以调整生成歌曲的参数，使歌曲更加动听。

音色制作人还能实现 AI 跨语种录制歌曲。不会粤语的用户演唱粤语歌曲时需要反复练习，但是音色制作人的 AI 粤语歌曲玩法能够使用户成为语言天才。用户可以按照软件的提示录入普通话歌曲，软件会自动提取其音色。之后，用户可以选择喜欢的粤语歌曲并进行合成，一首由用户"演唱"的粤语歌曲便制作完成了。

AI 唱粤语歌的功能由凌音引擎提供技术支持。凌音引擎采用了深度神经网络模型，对多位歌手的发音特点进行学习，不会粤语的用户也可以"演唱"粤语歌曲。

音色制作人不断在玩法上进行创新，使许多用户享受到了科技带来的乐趣。腾讯与酷狗音乐借助 TME Studio 与音色制作人，强化了自身在音乐领域的优势，探索出了一条合适的发展道路。

对于音乐创作者来说，搭载大模型的 AIGC 应用可以帮助他们提升创作效率。一首音乐的产出过程十分复杂，除了创作，还需要拍摄 MV、宣传推广等。而 TME Studio 能够简化音乐生产过程，提高音乐创作者的工作效率，降低生产成本。

同时，搭载大模型的 AIGC 应用能够为用户带来更多新奇的音乐体验。音色制作人功能丰富且具有新意，能够激发用户的好奇心，留存大量用户。音色制作人还具有极强的共创性与交互性，能够为用户提供更多价值。

腾讯音乐在大模型领域不断探索，其旗下天琴实验室的 MUSELight 大模型推理加速引擎发布了 lyraSD、lyraChatGLM、lyraBELLE 三款开源大模型的加速版本，能够帮助开发者缩短开发时间，降低开发成本，助力音乐应用研发。

总之，AIGC 技术将对音乐行业产生深远影响，为创作者进行音乐创作提供辅助，提升音乐创作的效率。在 AIGC 的助力下，创作者能够更具创造性地进行音乐创作与自我表达，创作出更优质的音乐作品。

6.3.2 AIGC 助力视频生成，赋能用户创作

在视频创作过程中，为了打造出优质视频，创作者需要考虑分镜、剪辑、配乐等多种要素，并对这些要素进行精心设计。而借助 AIGC，视频创作变得更加简单。

对于有创作想法，但在视频创作技巧上有所欠缺的创作者来说，AIGC 能够帮助他们轻松创作出效果精美的视频。对于专业创作者来说，AIGC 能够帮助其降低创作视频的成本，让其将更多时间用于打磨内容，创作出更加精良的作品。

在 AIGC 视频创作方面，快手加强了布局，不断更新创作者的创作体验。

一方面，借助 AI 技术，快手推出了一系列 AI 生成工具，实现了 AI 生成文案、AI 生成视频、AI 生成音色素材等，为创作者的视频创作赋能。当前，快手已经在旗下 App、剪辑工具"快影"，拍摄工具"一甜相机"等应用中上线了一系列创作功能。未来，快手将在这些应用中上线 AI 生成影视解说脚本、AI 一键 Vlog 剪辑等 AIGC 功能，为创作者智能创作视频助力。

另一方面，快手推出了基于自主研发的 AI 大模型的"全模态、大模型 AIGC 解决方案"。该方案具备文本生成、图像生成、音频生成、视频生成等 AIGC 能力，覆盖从创意生成、素材挖掘到背景音乐制作、视频剪辑、视频生成的全流程，让视频创作更加便捷。

在创意发现方面，快手基于自主研发大模型，强化了自然语言理解与生成能力，能够根据创作者的需求完成脚本撰写、图片与配乐生成，为创作者提供更多灵感。在素材挖掘方面，快手推出了文生图大模型，能够帮助创作者生成与主题相关的图片素材，帮助创作者描绘想象。同时，该模型具有对图片进行修改、多图像融合等图像编辑能力，能够满足创作者对生成素材再创造的需求。

在背景音乐制作方面，快手提供强大的音乐生成能力。快手打造了基于预训练模型的可控歌词生成系统，能够根据主题生成歌词，再完成旋律生成。在视频剪辑和制作方面，快手推出的 AIGC 解决方案能够实现一键制作特效大片，支持多种风格和时空转场。

此外，快手还打造了 AIGC 数字人解决方案"快手智播"。该解决方案支持创作者制作数字人，并使用数字人制作短视频、开启直播等，为电商直播助力。基于快手的 SaaS（Software as a Service，软件运营服务）服务工具，创作者能够实现一键开播，让数字人制作与直播更加便捷。

未来，快手将不断提升 AIGC 技术能力、升级产品功能，为创作者提供更便捷、智能的创作体验。

第 7 章

内容创作：AIGC 助力内容创作者创新

随着技术的发展，各种文字创作平台、视频创作平台等层出不穷，不断推动内容创作行业发展。AIGC 能够赋能内容创作，帮助创作者将创意变成现实，提升内容质量并推动内容创新。

7.1 AIGC 内容创作的优势与形式

在内容创作过程中，AIGC 能够根据创作者的需求生成个性化的内容，帮助创作者表达创意。除了为创作者提供辅助，与创作者协作，AIGC 有望在未来实现内容原创，独立完成一系列的内容创作任务。

7.1.1 优势：个性化生成，释放创意

AIGC 能够实现内容个性化生成，帮助创作者充分释放创意，优化内容质量与内容表达。

1. 个性化生成

AIGC 能够根据用户输入的关键词或要求，智能生成符合用户需求的内容。在生成内容的过程中，AIGC 能够与用户进行自然的交互，了解用户的偏好、细化要求等，从而对生成的内容进行进一步优化，使之更加匹配用户需求。

AIGC 能够实现文本、图像、视频等多种形式内容的生成，能够根据用户的不同需求，为用户提供个性化服务。同时，AIGC 可以利用语音生成、图像生成等技术，对生成的内容进行个性化呈现。

2. 释放创意

基于对海量知识的学习，AIGC 能够根据用户的要求生成多种创意，为用

户提供灵感。同时，基于深度学习、强化学习等技术，AIGC 能够不断学习和优化生成策略，生成更具创意的内容。

基于以上优势，AIGC 能够帮助创作者生成多种类型、风格的颇具创意的内容，满足内容创作者的个性化要求，为其创作提供辅助。

7.1.2　形式：与创作者协作+原创

从内容创作形式上看，AIGC 融入内容创作主要有以下 3 种形式，如图 7-1 所示。

图 7-1　AIGC 融入内容创作的 3 种形式

1. 作为内容创作助手

AIGC 在诞生之初，主要作为助手辅助创作者进行内容创作。这时的 AIGC 可以根据模板、预设的规则进行简单的内容创作，创作过程不灵活，生成的内容也容易出现刻板、文不对题等问题。

2. 与创作者协作

随着相关技术的发展，AIGC 应用能够与人类互动，协作创作成为现实。在创作过程中，AIGC 能够基于模型训练和创作者的需求，生成丰富、个性化的内容，如生成小说大纲、创意图片等，为创作者的创作提供素材、创意等。

创作者可以基于 AIGC 生成的内容，进行更加深入的内容创作，提升内容质量和深度。

3. AIGC 原创

未来，AIGC 实现内容完全原创或将成为现实。例如，AIGC 可以与虚拟数字人结合，以虚拟数字人的形态出现，独立完成从创意生成、内容生成到内容运营、内容商业化的全流程。AIGC 生成内容的模态将进一步扩展，能够从多方面进行多样化的创作，如触觉、情感等。

AIGC 原创将进一步解放创作者的生产力，AIGC 在内容创作方面的价值将得到充分释放。但是，创作者需要把控 AIGC 创作内容的质量，让 AIGC 在规则与标准的指引下发挥想象力与创造力。

7.2 AIGC 带来内容创作行业两大变革

当前，内容创作与 AIGC 融合发展已经成为一大趋势。一些内容创作平台引入 AIGC 创作工具，市场中不断涌现新兴的内容创作平台，助力创作者进行智能创作。这将推动内容创作行业发生重大变革。

7.2.1 创作平台引入 AIGC，降低门槛

AIGC 融入内容创作行业，带来了多样化的智能创作工具，降低了内容创作门槛。在这方面，不少平台、企业已经进行了探索，推出了先进的智能创作工具，为创作者的内容创作提供便利。

在打造 AIGC 工具方面，微博已推出 AIGC 创作助手，为平台创作者进行内容创作提效。该 AIGC 创作助手能够学习 "大 V" 的创作习惯，结合微博热点内容，生成创作灵感。同时，该 AIGC 创作助手可以为创作者提供标题、摘要、关键词等；在创作者拍摄视频时，该 AIGC 创作助手可以给出剪辑、特效等方面的建议；在创作者直播时，该 AIGC 创作助手可以提供互动、推荐等方面的建议。

在 AIGC 内容创作平台方面，科大讯飞基于自身在语言、语音、图像等方

面的技术积累，推出了"讯飞智作"内容创作平台。该平台为用户提供 AI 配音、形象定制等服务。用户输入文稿，选定虚拟人物形象，就能一键输出音视频内容，大幅提高了音视频内容的生产效率。

讯飞智作拥有百余个音库，涵盖新闻播报、有声阅读、广告促销、教育培训等多个场景，有大气浑厚、可爱甜美、成熟知性等多种语言风格可供用户选择，支持中文、英文等多种语言，能够满足用户的个性化需求。此外，用户还能对音视频内容进行调整，提升其效果。

当前，讯飞智作生成的音视频已广泛应用于传媒、金融、文旅等多个领域。未来，讯飞智作将基于 AIGC 持续拓展内容创作方式，助力各行业进行更高效、更高质量的内容创作。

7.2.2　激发创意，延伸灵感

除了提供更加智能的创作工具，AIGC 还能激发创意，帮助创作者延伸创作灵感，打造出更具吸引力的作品。

在内容创作过程中，AIGC 为创作者提供了更多的创意空间。其能够快速生成不同风格、主题的内容，帮助创作者获取创作灵感，延展创意。同时，AIGC 能够基于热点话题分析、受众分析、社交媒体数据分析等，帮助创作者从多个创意中筛选出最佳创意，使内容更能引起受众共鸣。

此外，AIGC 能够帮助创作者进行创意表达。一方面，基于对海量内容的学习和理解，AIGC 能够提供合理的创作建议，助力创作者更好地表达创意。另一方面，根据创作者输入的创意，AIGC 能够快速生成作品，实现创意延伸。在此基础上，创作者可以通过提出进一步的要求来完善创意，打造更加优质的作品。

在 AIGC 赋能创意方面，百度推出了一款 AI 文本创意工具，能够为营销人提供营销创意。对于营销人来说，营销文案同质化、创作质量与创作效率要求提高等使其承受了很大的压力。针对这一现状，百度 AI 文本创意工具能够帮助营销人解决缺乏创意、创作效率难以提升的难题。

该 AI 文本创意工具能够辅助用户进行灵感洞察，加快创作效率。用户只需提出需求，AI 文本创意工具就会基于大模型自动分析，并生成符合营销场景与用户需求的创意文案。该 AI 文本创意工具不仅能够快速生成营销创意，还能对营销场景进行深入的理解，这使其能够基于丰富的营销知识生成符合用户需求、符合市场的营销内容。

总之，AIGC 能够基于丰富的数据和强大的内容生成能力，生成符合市场需求与创作者要求的最佳创意。这能够帮助创作者打开思路，进行多样化的尝试，进而实现内容创新。

7.3　AIGC 落地内容创作多场景

当前，AIGC 已经在多个内容创作场景落地，涵盖文本、绘画、音频、视频等领域。借助多样化的 AIGC 创作工具，各领域的创作者能够更好地表达想法，提升创作效率。

7.3.1　文本：AIGC 融入新闻稿件创作

在文本创作方面，AIGC 能够应用于新闻稿件创作、小说创作、营销文案创作等诸多细分领域。以新闻稿件创作为例，AIGC 能够帮助创作者高效生成专业的新闻稿件。以针对某产品的新闻报道为例，AIGC 生成新闻稿件的流程如下。

首先，AIGC 能够基于各种新闻文章、社交媒体评论、用户评价等，搜索与该产品相关的各种数据，如产品特性、销售情况、竞争对手信息等。

其次，基于对这些数据的分析，AIGC 能够得出关键结果，如该产品的销量提升情况、市场份额增长情况、新功能受用户欢迎的程度、对竞争对手的影响，以及竞争对手的动作等。

最后，基于以上内容，AIGC 能够生成专业的新闻稿件。除了展示产品的各项关键信息，AIGC 还能以轻松、有趣的文风叙述内容，以引起读者的阅读兴趣。此外，AIGC 能检查生成稿件的语法、字词等，提升稿件质量。

当前，不少媒体机构都加深了对 AIGC 的探索。例如，美联社宣布与

OpenAI 达成合作，探索 AIGC 在新闻写作领域的应用，为新闻媒体与 AI 企业的合作提供了范例；谷歌积极探索 AI 辅助新闻写作的可能性，并与《华盛顿邮报》《纽约时报》等新闻媒体深入讨论。谷歌旗下的 AI 工具能够帮助记者生成不同风格的新闻稿件，提高他们的工作效率。

一些新闻媒体推出了 AI 写作新闻栏目，将 AI 应用到新闻内容生产中。例如，《长沙晚报》推出"镰刀妹 AI 智能写作"栏目，借助写稿机器人系统撰写文章。

未来，随着各种工具的落地，AIGC 生成新闻内容将变得更加普遍，新闻内容产出效率会大幅提升，新闻内容也会更加丰富。

7.3.2 绘画：生成漫画脚本与优化流程

在绘画创作方面，AIGC 能够帮助创作者生成绘画草稿、上色、对绘画作品进行优化等，能够极大地提升创作者漫画创作、艺术设计的效率。

以漫画创作为例，在 ChatGPT 刚出现时，某博主与 ChatGPT 合作，创作出有趣的单面板漫画。

该博主向 ChatGPT 提出"生成单面板漫画"的要求后，ChatGPT 以漫画脚本做出回应：一个简笔画小人坐在电脑前打字，小人头上的思想气泡中的内容为"我在查阅维基百科上花费了 5 小时，现在我成了 Underwater basket weaving（水课）的专家"。不得不说，这是一个幽默的漫画脚本。

随后这位博主逐步增加要求，如"将狗作为主角创作单面板漫画""将狗作为主角并按照《纽约客》的风格创作单面板漫画""以《纽约客》的风格进行单面板漫画创作，主角包括一只散步的狗，既要有趣又要愤世嫉俗"等。随着博主的语言从简练到具体，ChatGPT 输出的单面板漫画脚本也越发有趣，最后创作出"一群小鸟站在电线上，有一只鸟举着一把伞"的脚本。根据该脚本创作出的漫画如图 7-2 所示。

基于 AIGC 在漫画领域的巨大潜力，不少企业都推进了在这方面的探索。例如，快看漫画积极尝试以 AIGC 技术赋能内容创作。在 AIGC 爆发之前，快看漫画就启动了"神笔马良"工程，与高校合作，探索 AI 与漫画结合的具体

图 7-2 根据 ChatGPT 生成的漫画脚本创作的漫画

路径，如借助 AI 研发漫画辅助创作工具，AI 帮助创作者给漫画上色、进行线稿优化等。

随着 AIGC 技术的发展，快看漫画关注到 AIGC 技术在绘画创作方面的应用价值，成立了 AIGC 事业部，探索 AIGC 技术在漫画创作方面的应用。快看漫画还打造了 AI 集成全流程辅助创作数字化工作台，能够帮助创作者寻找创意、辅助编剧，实现自动上色、换装等，将创作者从重复的工作中解放出来。

总之，在绘画创作方面，AIGC 与绘画创作的结合将丰富内容创作方式，提升漫画创作、艺术设计的效率和质量，增强内容竞争力，为行业带来新局面。

7.3.3 音频：优化有声阅读创作

AIGC 能够实现语音生成与语音克隆，让声音更加自然。这种能力应用到音频创作方面，能够加速音频内容生产，提升音频质量。以有声阅读为例，AIGC 能够提供更加智能、高效的解决方案，优化内容创作。

在有声阅读方面，单一音色播讲十分常见，这往往导致听众难以区分不同角色，且长时间听同一种音色容易感到枯燥乏味。针对这一痛点，火山语音打造了一套完善的 AI 多角色演播方案。

该演播方案基于火山语音丰富的有声阅读场景和优质音色打造音色矩阵，通过自然语言处理技术理解文本并实现自动配音，形成拟真的多角色演播效果。同时，该演播方案能够融合有声内容创作流程，并在创作平台落地应用，实现有声内容的规模化、差异化生产。

火山语音 AI 多角色演播方案具有三大优势，如图 7-3 所示。

千人千声

多种情感演绎以声传情

批量化高效生产

图 7-3　火山语音 AI 多角色演播方案的三大优势

1. 千人千声

面对网文爆发式增长的态势，火山语音围绕网文中的经典角色，着力打造适配不同角色的 AI 音色矩阵。当前，火山语音 AI 配音家族中拥有数十个精品音色，如穿越文里的睿智大女主、青涩校园中的鬼马少女等，以满足众多小说的角色人设需求。

2. 多种情感演绎以声传情

在有声内容创作中，满足听众的沉浸式阅读需求十分重要。除了音色，AI 主播还要能"哭"会"笑"，像专业配音演员一样自然、真实地表达情感。为此，火山语音赋予不同 AI 音色开心、愤怒等情绪。

为了让不同情绪的演绎更加真实，火山语音还加深了对停顿、重音、笑声、哭腔、咬牙切齿等副语言的探索，对副语言进行精细化还原，使副语言更加真实、自然，给听众带来沉浸式体验。

3. 批量化高效生产

文本语义理解和话本自动制作是有声书批量化生产的关键。在传统的 AI 有声书创作中，需要人工对文本进行标识，划分出对话与旁白，标识不同角色的台词。这一过程往往耗时耗力，导致 AI 有声书难以高质量批量化生产。

而火山语音打造了 AI 文本理解模型，实现了人名识别、对话人物匹配等功能，能够自动提取小说中的人物角色，自动区分对话与旁白。同时，该模型能识别对话情感，进行更有感情的表达。这使 AI 有声书的创作效率大幅提升。

此外，火山语音还打造了 AI 有声内容创作平台。创作者只需要导入目标书籍、文本，平台便能自动完成角色识别、对话与旁白识别、情感识别等。在配音环节，创作者可以选择合适的 AI 音色来匹配书中角色，并实现一键配音。配音完成后，平台能够完成音频合成与拼接，高效完成有声书制作。

为了满足创作者差异化的创作需求，该平台还提供音频调整、精修等功能，创作者可以基于这些功能对合成后的音频进行优化，使音频演绎趋于完美。

7.3.4 视频：AIGC 助力视频创作与视频直播

除了满足用户的娱乐需求，视频内容还能助力企业营销。无论是制作短视频还是进行视频直播，都涉及策划、拍摄、剪辑等环节，而 AIGC 能够优化这些环节，实现视频智能创作。在这方面，不少企业都展示了探索成果。

在文本转视频方面，Meta 发布了一款名为 Make-A-Video 的 AI 模型，可以将文本转化为短视频。基于自然语言处理技术和图像生成技术，Make-A-Video 可以根据用户输入的文本，生成与文本相匹配的视频。

文本转视频对模型的要求很高，模型需要具备强大的计算能力。同时，需要基于数百万张图像对模型进行训练。这意味着，只有一些有能力的大型科技企业才能研发出文本转视频模型。

为了训练 Make-A-Video，Meta 使用 3 个开源图像和视频数据集的数据。Make-A-Video 使用标记静态图的方法学习实物的名称和外形，并学习实物如何移动，这为 Make-A-Video 进行大规模的视频生成奠定了基础。

Meta 认为，文本转视频技术能够为创作者带来全新的发展机会，但也会给不法分子可乘之机。Make-A-Video 可能会被用于制作假视频，从而欺骗用户。虽然 Make-A-Video 的研究人员对训练数据进行了筛选，但由于数据集过于庞大，几乎不可能完全删除有害内容，只能尽力降低风险。

在数字人视频生成方面，商汤科技推出了"商汤如影 SenseAvatar" AI 数字人视频生成平台。该平台使用了多种技术，包括 AI 文生图、大语言模型、数字人视频生成算法等，能够实现高效、快速的数字人视频内容创作。

商汤如影 SenseAvatar 能够帮助企业与个人进行短视频、直播内容创作，有利于吸引用户并增强用户黏性。商汤如影 SenseAvatar 操作简便，用户在平台上录入真人素材，便能生成对应的数字人，有效提升视频制作效率。

商汤如影 SenseAvatar 是大模型与大算力的结合体，能够生成逼真、制作精良的数字人。商汤如影 SenseAvatar 能够在商汤"日日新 SenseNova"大模型和 AI 大装置 SenseCore 的助力下实现生效果与效率的突破，引领行业发展。

基于"日日新 SenseNova"大模型强大的数据学习能力，商汤如影 SenseAvatar 能够实现出众的生成效果。商汤如影 SenseAvatar 基于大量的真人数据进行训练，能够生成外貌真实、动作自然的数字人。基于"日日新 SenseNova"大模型强大的泛化能力，商汤如影 SenseAvatar 可以生成多种类型、风格的数字人，还支持多种语言。

商汤如影 SenseAvatar 以全自动化的视频生成流程和强大的算力实现了高效的内容生成，节约了大量的人工处理时间和模型训练时间。

商汤如影 SenseAvatar 可以生成 2D 数字人和 3D 数字人。在 2D 数字人打造方面，只要用户提供一段简短的视频素材，该平台便可生成一个 2D 数字人。为了赋能用户创作视频，该平台还具备文生文、文生视频等功能，能够以文字驱动视频内容创作。

用户只需要在对话框中输入想法，该平台便可生成合适的视频文案。此外，该平台提供创作素材供用户选择。如果用户对平台提供的素材不满意，可以自己上传素材，或者利用平台的文字生成图片能力生成素材，用于视频创作。

3D 数字人往往用于打造虚拟主播或者虚拟 IP，应用场景更广泛，制作成本也更高。想要实现 3D 数字人与用户交互，3D 数字人不仅需要具备语言功能，还需要有灵活的动作，以增强自身的表现力与感染力。为了使 3D 数字人的动作更加灵活，商汤如影 SenseAvatar 打造了一套多模态动作生成解决方案，仅根据文字和声音韵律便可生成风格多样的表情与动作。此外，商汤如影 SenseAvatar 借助商汤大模型优化了直播带货场景。3D 数字人可以根据产品的特色生成具有针对性的带货文案，并配有多种动作、声音等，场景适应性进一步加强。在直播过程中，3D 数字人还能与用户交互，包括产品整理、粉丝互动和问题解答等，全方位触达用户。

目前，商汤如影 SenseAvatar 已经为多家企业提供服务，以数字人赋能各行各业，解放更多生产力。

第 8 章

AI 服务：AIGC 升级数智化服务

当前，AI 服务已经融入人们生活的方方面面，如家庭场景中的智能音箱、企业服务中的 AI 机器人等。AI 服务为用户带来了便捷的体验，但在智慧性方面仍存在提升空间。AIGC 的融入将为 AI 服务提供新的驱动力，催生更优质的数智化服务。

8.1　AIGC 驱动对话式 AI 进化

如今，我们的日常生活中已经出现了一些对话式 AI 产品，如手机语音助手、智能音箱等。对话式 AI 能够陪伴用户，与用户聊天，并为用户提供多种服务，因此深受用户喜爱。有了 AIGC 的驱动，对话式 AI 的智能性大幅提升，给用户带来更优质、智能的交互体验。

8.1.1　三大技术支撑，对话式 AI 实现运作

对话式 AI 的运作离不开三大技术的支撑，如图 8-1 所示。

图 8-1　对话式 AI 的三大支撑技术

1. 多模态交互

AI 的交互方式主要有以下四种。

（1）文本交互：指的是 AI 通过自然语言文本进行交互。实现原理是 AI 通过自然语言处理技术分析用户输入的文本，并通过相应的算法生成用户需要的文本。

（2）语音交互：指的是用户可以通过语音与 AI 交互。实现原理是 AI 通过语音识别技术，将用户的语音转化为文本，再通过自然语言处理技术将文本转化为可以理解的指令，执行相应的操作。

（3）图像交互：指的是用户通过图像与 AI 交互。实现原理是 AI 通过计算机视觉技术，如图像识别、姿态识别等，将用户输入的图像转化为可以理解的指令，再执行相应的操作。

（4）手势交互：指的是用户通过手势与 AI 交互。实现原理是 AI 借助姿态识别技术将用户的手势转化为可以理解的指令，再执行相应的操作。

多模态交互是支撑对话式 AI 运作的技术要点之一。多模态交互技术将多种交互方式整合在一起，用户可以自由选择交互方式，与对话式 AI 交互。在交互过程中，对话式 AI 需要实现多模态输入和多模态输出，即接受文本、语音、图像等多种形式的内容输入，通过语音合成、图像生成等技术，将输出的内容转化为用户想要的形式。要想实现多模态交互，就需要在对话式 AI 系统中集成文本、语音等多模态理解和生成算法。

2. 情感化互动

情感化互动也是对话式 AI 的技术要点之一。对话式 AI 不仅需要输出完整的对话内容，还要与用户进行情感化互动。例如，在医疗服务场景中，对话式 AI 需要体现出对用户的人性化关怀；在在线教育场景中，对话式 AI 需要有亲和力。

根据不同用户互动情况、需求的不同，对话式 AI 需要自动调整情感表达方式。这需要对话式 AI 具备较强的感知能力和学习能力。例如，对话式 AI 可以通过观察用户的表情和肢体语言判断用户的情感状态，给予用户相应的回应，使与用户的交互更加自然、流畅。

对话式 AI 情感化互动的实现离不开 AI 技术的帮助。深度学习等技术可以使对话式 AI 自主学习和优化情感表达方式；自然语言处理和情感分析技术可以帮助对话式 AI 更加准确地理解和解释用户的情感和行为，从而更好地表达自身的情感。

3. 全双工连续对话技术

全双工连续对话技术的难点主要有两个：一是主动对话和被动对话之间的切换；二是听说角色之间的切换。当前，市面上的一些对话式 AI 在智能性方面有所欠缺。当用户提出问题时，对话式 AI 只会从已有的知识库中进行检索，并据此回答用户问题，功能十分单一，无法主动与用户沟通。同时，在回答问题的过程中，对话式 AI 无法响应用户提出的新问题。

应用了全双工连续对话技术的对话式 AI 不会只是被动地与用户一问一答，而是拥有双向语音对话能力，能够提升人机交互体验。具体而言，基于全双工连续对话技术的对话式 AI 具有以下两种能力。

（1）除了被动回答用户的问题，对话式 AI 还能主动与用户沟通。例如，主动与用户打招呼、对话过程中主动询问用户的需求、主动询问不太清楚的对话内容等，人机对话会更加自然。

（2）对话式 AI 能够实时切换听说角色。在讲话过程中，如果用户提出了新问题或表达自己的意见，对话式 AI 会及时中断讲话，切换到倾听者的角色。用户表达完自己的需求，对话式 AI 会切换到说话者的角色，提供相应的内容。在说话被打断时，对话式 AI 可以及时中断此前的回答，根据用户提出的新要求，调整内容输出的优先级，输出合适的回答。这能够避免对话内容重复，实现对对话过程的控制。

在全双工连续对话场景下，对话式 AI 可以提升人机对话的稳定性、灵活性，实现更加自然的连续对话。

8.1.2 大模型赋能，实现性能升级

对话式 AI 的运行需要智能系统的支持，基于此，对话式 AI 能够获得环境

感知、运动控制、智能决策等能力。而大模型与对话式 AI 的结合能够进一步提升对话式 AI 的智能能力，提升对话式 AI 处理各种任务的效率和效果。基于大模型，对话式 AI 能够在以下几个方面实现升级，如图 8-2 所示。

图 8-2　对话式 AI 的三方面升级

1. 感知系统

大模型与对话式 AI 的结合，能够实现多维数据并行处理，对话式 AI 能够感知复杂、动态变化的外部环境，更精准地理解任务。当前，对话式 AI 主要应用于边界固定的场景，而大模型能够以更加智能的感知系统帮助对话式 AI 进入更加复杂、开放的探索性场景。

2. 规划与决策

在规划层，大模型可以更好地在对话式 AI 智能系统中植入内容丰富的知识库，实现多模态智能融合。这能够推动对话式 AI 更好地适应开放的环境和个性化的用户命令，完成多样化的任务。在决策层，大模型能够基于海量、持续更新的数据，驱动生成式 AI 形成自训练算法并持续优化，助力生成式 AI 形成更加精准的决策系统。

3. 交互方式

大模型给对话式 AI 带来人机交互新范式。在多模态大模型的支持下，用户可以通过自然语言和开放式命令与对话式 AI 互动。用户可以给对话式 AI 下达复杂、模糊、询问式的指令，而大模型驱动的交互引擎可以分析用户意图，获取准确的可执行命令，并转发给对话式 AI，以执行命令。

大模型与对话式 AI 的结合，将促进对话式 AI 进化。在大模型的加持下，对话式 AI 可以完成更加复杂的任务，应用于更广泛的领域。

8.1.3 AIGC 带来生成能力

当前，对话式 AI 能够与用户互动，并输出相应的内容，但其本质多为预设式 AI，对话设计、策略编排等都需要人工参与。而 AIGC 能够让对话式 AI 具备内容生成能力，从预设式答案输出模式转变为内容智能生成模式，进一步提升对话式 AI 的性能。

AIGC 能够赋能人机对话效果全面升级。例如，AIGC 能够实现对话内容连续生成，使对话式 AI 能够与用户连续对话；AIGC 能够助力虚拟数字人生成，即通过一段文字实时驱动虚拟数字人。通过口唇驱动、表情驱动、动作驱动等技术，用户可以驱动虚拟数字人进行动态交互。

在运营策略生成方面，用户输入自己的需求，如"生成一份化妆品品牌的七夕营销策略"，对话式 AI 就会生成相应的策略。在这个过程中，对话式 AI 会依据各种数据，对目标受众、竞争对手、市场趋势等进行分析和预测，进而生成有针对性的、科学的营销策略。同时，在生成策略的过程中，用户可以向对话式 AI 提出个性化需求，以进一步完善策略。这大幅提升了制定运营策略的效率。

以语音助手为例，有了 AIGC 的加持，语音助手具备更灵活的功能。例如，当用户表示自己十分紧张即将到来的面试时，语音助手会给予用户暖心的鼓励，帮助用户缓解紧张、焦虑的情绪；当用户询问某条旅行路线时，语音助手能够以轻快的语调介绍沿途风景，激起用户的憧憬和期待。

智能化的语音助手具备更多样化的功能。在生活中，它能够成为用户的生活助手，提醒用户注意天气变化，为用户答疑解惑。在工作中，语音助手能够提供翻译、会议纪要等功能，助力用户高效地完成工作。

在 AIGC 的助力下，对话式 AI 生成的内容将更加个性化、更具智慧性。随着 AIGC 的发展，其将推动对话式 AI 渗透更多领域，实现更多内容的智能产出。

8.1.4 智能音箱更加人性化

当前，智能音箱已经进入了许多家庭，与用户进行多样的互动并提供丰富的智能服务，如管理家庭中的智能设备、与用户聊天等。而在 AIGC 的支持下，智能音箱将实现进一步升级，能够与用户进行更人性化的沟通，提升用户的使用体验。

百度、阿里巴巴等互联网巨头在 AIGC 技术方面具有显著的优势，它们都对"AIGC+智能音箱"进行了深入探索。

小度官方基于文心一言，打造了面向智能设备场景的大模型"小度灵机"，并将这一模型应用到小度旗下全部产品中。

以小度智能音箱为例，借助小度灵机大模型，小度智能音箱可以变身为用户的超级助理。在测试中，测试员需要告诉小度智能音箱自己将在周末做什么事情。但是在叙述时，测试员会更改自己的要求，如原定于周日做的 A 事件被更换为 B 事件。

即便是面对这种复杂的要求，小度智能音箱也能够从测试员的叙述中提炼出有用的信息，并生成一份正确的时间安排表。此前，小度智能音箱不具备理解复杂描述以及整合信息的能力，但在小度灵机的支持下，小度智能音箱能够顺利完成复杂的任务。

在智能家居设备控制场景中，搭载小度灵机的小度智能音箱化身智能管家，精准捕捉用户需求。在测试中，测试员以自然语言说出自己工作日和周末的起床时间，以及在冬季和夏季时对室内温度的要求后，小度智能音箱能够根据这些描述，确定什么时候需要开空调、空调调到多少度等。

相较于传统智能音箱只能根据"打开空调"这一指令执行操作，小度智能音箱能够"认识"到不同用户对室内温度的需求不一样，并根据季节以及用户需求将空调调到合适的温度。

未来，随着小度灵机大模型的落地应用及不断迭代，测试中的场景将变为现实，小度智能音箱将以更加自然的互动、更多样化的智能功能为用户带来智能化体验。

除了小度智能音箱，天猫精灵也发布了接入通义千问大模型的智能音箱产品"IN 糖 3 Pro"。在接入 AIGC 技术后，IN 糖 3 Pro 更加"聪明"。

以往，智能音箱在与用户交互的过程中可能无法理解用户的需求，或忽略用户发出的指令中的关键词，用户获得的使用体验不佳。而在接入 AIGC 技术后，IN 糖 3 Pro 升级为用户的智能家庭助手。

基于 AIGC 技术，IN 糖 3 Pro 拥有连续对话能力，能够与用户进行多轮对话，并根据上下文理解语境，让对话更加自然。

在日常生活场景中，用户询问午餐推荐时，IN 糖 3 Pro 不仅会推荐菜品，还会讲解食物的功能、富含的营养成分等，并给出菜品搭配方案。在影视内容推荐方面，IN 糖 3 Pro 不需要接收特定指令，便能够根据用户的提问推荐多方面的内容。在日常沟通中，当用户希望 IN 糖 3 Pro 讲个笑话时，IN 糖 3 Pro 不是播放录制好的音频资源，而是会将笑话融入与用户的自然沟通中，自然地逗用户开心。

IN 糖 3 Pro 具有一些拟人化特征，如有自己的名字、有自己的爱好，角色设定更加个性化。相较于 IN 糖 3，IN 糖 3 Pro 在知识、记忆等方面的能力有所提升，在对话中的表现高度拟人化。

此外，IN 糖 3 Pro 还具有情感理解能力，能够与用户进行情感交互。例如，当用户表示自己玩游戏连输、心情低落时，IN 糖 3 Pro 会安慰用户，并建议用户休息一下，调整状态。当用户情绪激动时，IN 糖 3 Pro 会安抚用户，并提醒用户注意言行。可以说，IN 糖 3 Pro 就像一位善解人意的朋友。

在 AIGC 的支持下，IN 糖 3 Pro 拥有更加智能的功能和多样的玩法，能够从多个方面提升用户体验。未来，智能音箱在沟通人性化、个性化方面的能力将进一步提升，成为更具温度的智能家庭助手。

一方面，智能音箱将拥有多种多样的角色设定，有不同的身份、性格、偏好等，能够在与用户的沟通中生成个性化回复。同时，在虚拟技术的帮助下，智能音箱将具备多样化的虚拟形象，能够与用户进行面对面交互。除了语音表达，虚拟形象还能通过动作、表情等传递情感，表达对用户的关心，实现与用户的深层次交互。

另一方面，通过数据分析、深度学习等，智能音箱能够了解用户的行为、喜好等，为用户提供更符合其需求和偏好的服务。这能够帮助用户表达自己的情感，获得更加真实的交流体验。

总之，随着 AIGC 的不断发展，智能音箱的智能程度将不断提升，功能将更加完善，能够为用户提供更多样化的服务，全面融入用户的居家生活。

8.2　AIGC 融入 AI 机器人，助力理解与交互

目前，AI 机器人已广泛应用于各种场景中。在工业场景中，AI 机器人能够助力智能制造；在企业服务场景中，AI 机器人能够作为智能客服，及时为客户提供服务；在生活场景中，AI 机器人甚至能够作为用户的电子宠物。而接入 AIGC 技术的 AI 机器人将具备更强的理解能力与交互能力，以及更强的通用性与专业性，进而在更多领域实现落地应用。

8.2.1　AIGC 破解技术难题，提升理解能力

在执行任务、与用户交互的过程中，AI 机器人往往需要识别关键信息、整理各种数据，并给出分析结果。在这个过程中，AI 机器人需要以下三大技术的支持，如图 8-3 所示。

自然语言理解　　　　自然语言生成　　　　大模型

图 8-3　AI 机器人所需的三大技术

1. 自然语言理解

自然语言理解是一种帮助计算机理解文本内容的技术，能够赋予 AI 机器人理解人类自然语言的能力，并完成特定的语言理解任务，如文章理解、文本摘要、文本翻译、情感分析等。

2. 自然语言生成

自然语言生成指的是将计算机生成的数据转换为用户可以理解的语言形式。用户与 AI 机器人交互，AI 机器人需要先利用自然语言理解技术理解用户的意思，再利用自然语言生成技术回复。

3. 大模型

AI 机器人产出内容需要具备足够的数据来训练模型。模型训练结果直接决定了 AI 机器人的对话系统的功能。因此，训练一个好的对话系统是打造 AI 机器人的关键。

在技术的限制下，传统 AI 机器人存在一些共性问题，例如，知识库不够完善；难以生成与用户提出的专业化问题或个性化问题相匹配的回答；在语义理解、情感理解方面存在欠缺，回复僵硬，缺乏亲和力。

而大模型能够为 AI 机器人提供强大的技术支持。基于大模型，AI 机器人的语义理解能力大幅提升，能够响应用户提出的专业化、个性化问题，为用户提供个性化推荐。

AI 机器人服务于用户，因此用户体验十分重要。以往，很多公司在开发 AI 机器人时只考虑技术实现问题，而忽视用户体验，这导致 AI 机器人虽然能够完成一些对话任务，但在用户体验方面仍有待提升。而 AIGC 与 AI 机器人的结合，能够使 AI 机器人摆脱发展困境，在对话流畅度、语义理解、生成内容的精准性方面有所提升，进而提升用户体验。

8.2.2 带来流畅、自然的交互体验

在人机交互方面，AI 机器人的交互能力还存在一些缺陷，如只能根据用户的指令执行操作，难以与用户进行流畅的交流，难以理解用户提出的复杂问题。

而 AIGC 能够弥补 AI 机器人交互体验不佳的缺陷，提升 AI 机器人的语音识别能力、生成内容的丰富性和准确性，实现高效、流畅的人机交互，为用户带来更加优质、自然的交互体验。

AIGC 与 AI 机器人的结合已经有了一些实践案例。例如，2023 年 6 月，智能硬件公司乐天派发布了一款 Android 桌面机器人——乐天派桌面机器人。乐天派桌面机器人是一个接入讯飞星火认知大模型的 AI 机器人，能够为用户提供更好的语音交互体验。

接入大模型使乐天派桌面机器人拥有强大的语音对话能力，基于语音识别技术，乐天派桌面机器人能够精准识别用户的语音指令并快速做出反应，流畅地与用户沟通。用户可以向其询问天气，让其播放音乐。同时，乐天派桌面机器人支持用户进行视频通话、拍照、拍视频等。用户可以使用乐天派桌面机器人与亲朋好友沟通，随时随地拍摄照片和视频。此外，乐天派桌面机器人还具有一些更加智能的功能，如回答数学问题、制定旅游路线、进行逻辑推理、编写代码等。

乐天派桌面机器人可以应用于家庭、办公等诸多场景中。在家庭场景中，它可以给予用户情感关怀，如在用户休闲时播放音乐、为用户送上生日祝福等。它还可以监控家中的安全情况，自动控制家居设备。在办公场景中，乐天派桌面机器人可以作为工作助手，帮助用户完成会议记录整理、文案撰写、翻译等工作。乐天派桌面机器人还具有自主学习的功能，能够通过自我学习优化自身服务，不断提升用户体验。

乐天派桌面机器人支持用户定制功能，具有很高的开放性，用户可以制作表情、自定义交互界面。同时，其支持用户切换不同的 GPT 语音助手。随着市场中的 GPT 语音助手越来越多，乐天派桌面机器人将会接入更多的 GPT 语音助手。未来，乐天派桌面机器人还将向用户开放接口，支持安装 Android App。

总之，在 AIGC 的支持下，AI 机器人能够实现语音识别能力、精准反馈能力、流畅沟通能力等多方面的提升，破解"命令式交互"瓶颈。同时，AI 机器人将具备多样化的智能功能，为用户的生活提供更多便利。

8.3 AIGC 助推虚拟数字人服务发展

作为 AI 服务的新兴领域，虚拟数字人服务在近年来实现了快速发展，并在传媒、游戏、电商等多领域落地。AIGC能够赋能虚拟数字人制作,实现虚拟数字人服务创新,助力虚拟数字人在更多领域落地。

8.3.1 赋能虚拟数字人制作,提升制作效率

虚拟数字人制作涉及原画设计、建模等诸多环节,需要多种技术的支持,制作周期较长,制作成本较高。而AIGC能够为虚拟数字人的制作提速。

AIGC能够实现不同风格形象的快速生成,降低虚拟数字人在原画设计、建模等环节的时间与成本投入。同时,基于底层大模型能力,虚拟数字人能够以虚拟助手、虚拟客服等身份在智能大屏、小程序、手机App等多种场景实现应用,满足多行业的个性化应用需求。

当前,在虚拟数字人打造方面,腾讯发布的在线智能视频创作平台"腾讯智影"能够为用户提供帮助。腾讯智影推出了智影数字人功能,用户输入文本或音频内容,即可生成数字人播报视频。同时,智影数字人能实现形象克隆,用户只需要上传少量图片、视频素材,就能获得自己的数字人分身,并通过数字人分身进行演讲、播报。此外,智影数字人还支持数字人直播,用户可以借助智影数字人和虚拟背景,实现7×24小时不间断直播。

腾讯智影在线智能视频创作平台能够推动数字人领域发展,改变人们的生活。未来,数字人能够成为企业的智能助手,助力企业决策与客户服务;同时,数字人能够成为用户的个性化学习伙伴,为用户提供个性化的学习指导等,应用潜力进一步拓展。

8.3.2 实现AIGC驱动与服务创新

AIGC的融入为虚拟数字人提供了智能驱动力,使其具备自主学习与优化、智能表达等能力。在这方面,不少企业尝试将AIGC与虚拟数字人结合,以AIGC驱动实现虚拟数字人服务创新。

在"第十二届中国苏州文化创意设计产业交易博览会"上,AI虚拟数字人领域领军企业魔珐科技推出的虚拟数字人Amanda惊艳亮相,并化身苏州广电传媒集团的导览主播。在全息大屏中,Amanda生动地进行视频讲解,伴以

细腻的表情和灵活的肢体动作，给观众带来沉浸式的体验。虚拟主播讲解视频是魔珐科技基于旗下"魔珐有言"AIGC视频生成工具打造的。

魔珐科技在AI、虚拟数字人等领域进行了长期探索，不断推动虚拟数字人落地。基于AIGC技术研发，魔珐科技推出了更加智能的创作工具，提升了虚拟数字人的智能性。在此次展会上，魔珐科技与苏州广电传媒集团合作，以AIGC驱动的虚拟主播全息交互屏的呈现方式，进行了传媒领域视听体验的数字化新探索。

基于技术优势，魔珐科技还为苏州广电传媒集团定制化打造数字员工。数字员工可以完成新闻播报、节目主持、会议主持、内部培训等工作。同时，通过对苏州文化内涵的挖掘，魔珐科技赋予数字员工更多个性化元素，促使其成为苏州文化的数字传承人，在城市宣传、文化活动等方面发挥价值。

此外，结合AIGC产品，魔珐科技还赋能新闻内容生产流程，推动新闻内容生产智能化，满足传媒领域多场景的内容制作需求。以魔珐有言AIGC视频生成工具为例，用户输入文本、选择虚拟主播、选择视频场景和素材后，该工具就能快速生成视频内容。魔珐有言中包含丰富的主播形象、视频场景等，能够节省新闻视频制作的场景搭建、拍摄、剪辑等环节，实现高质量新闻视频的高效制作。

未来，随着魔珐科技与苏州广电传媒集团的合作不断加深，更多的AIGC产品、更智能的虚拟主播等将逐一落地，推动传媒领域实现智能化、高质量发展。

8.3.3 AI导游：提供多样化旅游导览服务

AI导游是一种基于AI的虚拟导游，在文旅领域的应用日益广泛。其能够提供一对一的景区讲解服务，并根据用户的需求提供其他个性化服务。其优势主要体现在以下三个方面，如图8-4所示。

1. 多语言沟通

AI导游具备多语言沟通能力。旅游景区的游客可能来自世界各地，针对不同的语言需求，AI导游能够基于语音识别和翻译技术，实现多种语言的实时翻

个性化推荐

多语言沟通　　提供其他服务

图 8-4　AI 导游的优势

译。这能够解决游客的语言沟通问题。

2. 个性化推荐

AI 导游能够根据游客的兴趣，为其提供个性化的旅游建议。AI 导游能够基于对游客搜索历史、浏览行为等信息的分析，给出有针对性的旅游建议。假如游客对历史文化感兴趣，AI 导游便会为其提供历史古迹的参观路线，并提供相关历史古迹的讲解；假如游客偏爱美食，AI 导游便会为其提供周边的美食推荐。

3. 提供其他服务

AI 导游能够提供多样化的服务，解决游客的一些实际问题，如提供酒店预订、门票购买、天气预报等服务，提高游客的旅游效率和体验。

接入 AIGC 能力的 AI 导游将在以上三个方面实现能力的强化，并衍生出一些新能力。当前，基于 AIGC 的 AI 导游已经出现，并成功应用于景区中，为游客提供多种服务。2023 年 6 月，万达集团企业文化中心为景区丹寨万达小镇量身打造的 AI 导游"小丹"正式上线，吸引了广泛关注。作为基于大模型的 AI 导游，小丹具有逼真的形象，能够与游客进行自然的互动，为游客提供个性化的旅行服务。

在旅游导览方面，小丹可以作为游客的专属导游，为游客提供一对一的个性化服务。小丹可以为游客提供景点介绍和美食推荐服务，还能与游客闲聊，全面融入游客的旅游时光。小丹具有较高的智力水平，拥有诸多隐藏技能，例如，可以给游客讲笑话逗游客开心、解答脑筋急转弯等。

　　未来，随着 AIGC 与 AI 导游的结合，AI 导游将更加智能，能够结合游客的个性化需求与景区游览内容提供个性化的导游服务，提升游客的游览体验。

第 9 章

企业办公：AIGC 带来办公工具革命

在办公领域，AIGC 能够引发企业办公工具革命，以多元化的智能办公工具推动企业办公的数智化变革。当前，邮件管理、软件开发等方面已经出现了 AIGC 办公应用，同时许多科技企业等也加深了在这一领域的探索。在这一趋势下，企业办公将变得越来越便捷。

9.1 AIGC 赋能企业沟通与协作

在企业办公场景中，AIGC 能够融入邮件管理、会议管理、软件开发等细分场景中，助力各方便捷沟通与协作，这在提升办公体验的同时也提升了办公效率。

9.1.1 邮件管理：邮件分类与生成

邮件是企业办公场景中的重要沟通方式，用户与同事、客户的重要沟通往往通过邮件进行。AIGC 能够帮助用户进行邮件管理，让邮件管理更轻松。这主要体现在以下几个方面。

（1）实现邮件智能分类。AIGC 可以对邮件内容进行阅读与分析，并按照内容相关程度对邮件进行智能分类。人工进行分类往往需要耗费许多时间与精力，而在 AIGC 的帮助下，邮件的分类将变得更为便捷、智能化。

（2）实现邮件智能撰写。AIGC 能够分析邮件内容和用户回复的历史邮件，根据用户的语言风格智能撰写邮件。

（3）实现邮件智能回复。AIGC 能够作为用户的个人助手，帮助用户及时回复邮件、提醒用户重要事件等，提高用户的工作效率。

当前，谷歌在邮件智能管理方面已经做出了探索，利用 AIGC 实现了邮件智能撰写、回复和管理。借助 AIGC 技术，谷歌邮箱 Gmail 具备了多种功能。

第一，实现邮件生成。

Gmail 可以根据简单的语句创建邮件草稿，智能生成邮件。用户只需在输入框输入一句提示语，Gmail 便可以在短时间内输出一封电子邮件，甚至可以选择不同的写作风格，如专业、商务、时尚等。Gmail 还能对用户的历史回复进行分析，提取细节，填补邮件上下文的空白。

第二，为用户提供措辞建议。

Gmail 具有智能撰写功能，能够在用户书写邮件时为其提供措辞建议。用户只需要按 Tab 键便可接受 Gmail 的建议，并将这些建议整合到邮件中。同时，智能撰写功能支持多种语言，如英语、西班牙语等，打破了语言障碍，为用户提供便利。

第三，生成个性化回复。

Gmail 搭载了先进的机器学习技术，能够对用户之前回复的邮件进行学习，生成个性化的回复。例如，用户收到朋友生日宴会的邀请，Gmail 不会简单地回复"参加"或"不参加"，而是回复"祝你生日快乐，我会参加"或者"太棒了，我一定参加"等拟人化的表述。

第四，对邮件进行智能分类。

Gmail 具有标签式收件箱的功能，能够整理邮件并将其分类，方便用户浏览。在此基础上，用户可以根据自身需要对邮件分类进行调整。

第五，从邮箱中摘取重点。

Gmail 具有摘要卡功能，能够帮助用户从繁杂的邮件信息中提取重要内容。摘要卡功能结合了启发式算法和机器学习算法，能够在邮件中寻找信息，为用户总结重点信息。在找到重要信息后，邮件最上端会出现一张信息卡，上面标记了邮件的重点内容，用户无须浏览所有信息即可获取重点内容。

第六，设置信息提醒。

Gmail 能够提醒用户回复重要邮件，避免用户遗漏电子邮件。Gmail 会将用户没有回复的邮件置顶，并注明收到邮件的时间，询问用户是否要回复。例如，Gmail 会在某封没有回复的邮件旁显示"2 天前收到的邮件，需要回复吗"

的提示信息。

总之，AIGC 能够从多方面实现邮件智能管理，打造智能邮箱。未来，随着 AIGC 技术的迭代和应用进一步拓展，智能邮箱将具备更多智能化功能，助力用户实现邮件个性化管理。

9.1.2 会议管理：提供便捷会议服务

在企业会议中，与会者往往需要记录会议内容。传统的会议记录方式需要大量的人力、物力，而且记录的内容可能不够全面和准确。基于 AIGC，企业能够打造出更加智能的会议管理工具，辅助与会者记录会议内容。在这方面，阿里云智能推出了基于大模型的 AI 助手"通义听悟"，能够为企业会议提供多重辅助。

通义听悟具备理解与摘要能力、语音识别能力、内容生成能力等，能够帮助用户记笔记、制作 PPT（PowerPoint，演示文稿）等。在会议场景中，通义听悟可以生成会议记录，对发言人进行区分，为音视频划分章节，总结每位发言人的观点并形成摘要，对重点内容进行整理等。

具体而言，通义听悟的核心能力主要有以下五个。

（1）实时语音转写，生成智能记录。通义听悟能够实时记录内容，对内容进行整理，实现音频、文本同步输出。同时，通义听悟具有关键字句检索功能，能够突出显示核心内容，帮助用户把握会议重点。

（2）文件转写，节约用户时间。通义听悟能够与阿里云盘互通，在短时间内实现音视频文件转写。转写结果会保存在"我的记录"中，方便用户随时回顾，节约用户时间。

（3）实时翻译，打破语言壁垒。通义听悟能够对发言内容进行实时翻译，支持中英文互译，实现无障碍沟通。

（4）快速标记重点，内容简洁明了。通义听悟能够对内容的重点和待办事项等进行标记，使用户回顾整理时更加清晰明了。

（5）支持内容一键导出。用户可以从通义听悟中一键导出所需内容，包括音视频、笔记等。同时，通义听悟支持导入多种格式的文档，包括 Word、

PDF 等。

基于多样化的能力，通义听悟能够在企业会议、企业培训等场景中为用户提供便捷的工具和优质的智能服务。未来，通义听悟将在更多产品中上线，与产品的内部使用场景相融合，为用户带来全新体验。

9.1.3 软件开发：提供低代码开发工具

针对软件开发任务，AIGC 能够基于对代码库的学习生成多样的代码，并及时发现代码存在的问题，提升代码质量。这能够为开发人员提供很好的辅助，实现更高效的软件开发。

例如，GitHub 与 OpenAI 联合推出的 AI 辅助编程工具 GitHub Copilot 为开发人员提供了低代码开发工具。GitHub Copilot 主要具有以下五种功能，如图9-1 所示。

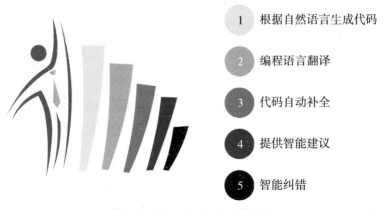

图 9-1　GitHub Copilot 的功能

1. 根据自然语言生成代码

开发人员在 GitHub Copilot 的编辑器中输入文本，编程工具会生成相应的代码。GitHub Copilot 能够节约开发人员编写会代码的时间，代码编写会变得更加简单，效率更高。

2. 编程语言翻译

GitHub Copilot 能够将开发人员提供的代码翻译成其他编程语言。基于此，开发人员可以使用自己擅长的编程语言进行代码开发，而无须掌握多种编程语言。

3. 代码自动补全

GitHub Copilot 能够依据已有的代码和上下文，自动补全下一段代码，有利于开发人员快速生成代码。

4. 提供智能建议

GitHub Copilot 能够依据常见的编程方式为开发人员提供建议，有利于开发人员更好地编写代码，提高代码质量。

5. 智能纠错

GitHub Copilot 能够自动检测代码，并纠正错误代码，提高代码质量和开发人员编写代码的能力。

虽然 GitHub Copilot 不能完全代替开发人员，但其可以作为辅助工具完成许多重复性的、琐碎的工作，有效缩短代码编写时间，提高代码编写效率和质量。

随着 AIGC 的应用，低代码编程技术实现飞跃式发展，极大地降低了编程的门槛。开发人员也能够从重复的编程工作中解放出来，将更多精力用于打磨创意，开发出更具创新性的软件。

9.1.4 金山办公：打造智能办公助手

在办公领域，办公软件提供商金山办公基于大模型推出了智能办公助手 WPS AI。同时，金山办公实现了旗下办公应用与 WPS AI 的对接，提升了办公应用的智能化程度。

金山办公原有的轻文档、轻表格和表单与 WPS AI 对接，实现了智能升级，改名为 WPS 智能文档、WPS 智能表格和 WPS 智能表单，开拓了智慧办公新场景。

金山办公表示，其为 WPS AI 制定了 3 个战略方向，分别是内容创作、智慧助手和知识洞察。作为一家本土软件企业，金山办公坚持"用户第一，技术立业"的原则，为用户提供智能办公软件。

WPS 智能文档是一款内容创作与协作产品，用户可以利用其进行新闻稿件、月报等文本的生成。WPS 智能文档既能对内容进行调整，包括扩写、缩写、翻译等，还能对文档内容进行总结归纳，根据用户提供的旅游文档生成旅行计划。

WPS 智能表格能够提高数据批量处理的效率。WPS 智能表格可以应用于销售、电商等场景，帮助用户提取关键信息、生成内容。用户可以通过对话发出指令，通过"AI 模板"功能用一句话生成表格。

WPS 智能表单可以用于在线收集信息，并支持自动生成数据报告，用户可以通过对话快速生成表单收集信息。WPS 智能表单为用户提供了便利，用户可以通过拍照的方式将纸质表格转化为电子表格，提高信息收集、分析的效率。

金山办公推出的智能办公助手兼具实用性与创新性，具有巨大的发展潜力。随着大模型的发展与 AIGC 技术的进步，金山办公将持续发力，助力企业办公自动化、智能化。

9.2 企业打造多样的 AIGC 办公应用

面对 AIGC 变革办公工具的风潮，办公领域的企业纷纷加快了动作，接入外部大模型或自主研发大模型，在此基础上探索 AIGC 赋能办公应用的具体方式。

9.2.1 接入大模型，探索办公新蓝海

看到大模型、AIGC 的发展潜力后，不少办公软件相关企业加深了外部合作，积极引入大模型和 AIGC 能力，推动自身服务的迭代。

1. 泛微网络

泛微网络是企业微信的战略合作伙伴，在协同管理软件领域深耕多年，与各类大中小规模的企业合作，推出了许多办公产品。泛微网络面向大中型企业推出了协同平台型产品 e-cology，面向中小型企业推出了应用型产品 e-office，

还推出了一体化的移动办公 OA 平台 eteams，为上万家企业提供数字化办公服务。

经过十几年的探索，泛微网络的集成引擎能够连通上百个信息管理系统，打通客户企业内部的信息孤岛。借助泛微网络的低代码开发平台，客户企业可以将自己的管理想法转变为系统应用。泛微网络的软件产品形式灵活，拥有七大引擎，覆盖全组织、全场景，能够推动企业管理方式变革。

2020 年，腾讯以出资的方式与泛微网络展开深度战略合作。2022 年 12 月，腾讯推出万亿级参数的大模型——混元大模型，并将其应用于旗下多项核心业务。除了混元大模型，腾讯还研发了类似 ChatGPT 的聊天机器人，该聊天机器人有望应用于腾讯旗下的微信、QQ 等产品中。作为企业微信的战略合作伙伴，泛微网络有望搭载腾讯的大模型，为办公软件和服务提供商提供支持。

2. 致远互联

致远互联主要专注研发协同管理软件，能够为客户企业提供产品、解决方案与云服务，帮助企业提升管理效率，实现数字化转型。

致远互联推出了 COP（Collaborative Operation Platform，协同运营平台）产品，这标志着其业务方向从协同办公向协同运营转变。致远互联以协同运营的方式打破了企业业务拓展的边界，有利于提升企业的运行效率和核心竞争力。

致远互联与华为云已合作多年，2018 年，致远互联的协同管理软件入驻华为云的"严选商城"；2019 年，致远互联成为华为云 SaaS 耕"云"计划的合作伙伴；2021 年，致远互联旗下平台接入华为"鸿蒙"系统；在华为盘古大模型上线后，致远互联率先与其合作，巩固自身在协同办公软件领域的优势。

3. 蓝凌

随着 ChatGPT 不断更新，其功能越来越丰富，能够触达的行业也越来越多，成为许多用户的 AI 助手。许多企业积极布局，利用 ChatGPT 赋能自身业务拓展和行业发展。深耕数智化办公领域的蓝凌率先引入 ChatGPT，并将 Chat-GPT 接入智能应用"蓝博士"中，为用户带来新奇体验。

在"蓝凌数智化工作平台体验大会"上，蓝凌向用户展示了蓝博士的功能。蓝博士搭载了全球领先的大模型技术，能够担任智能客服、书写文案、编写代码、搜索知识、与用户进行语音交互等。

蓝博士可以应用于代码的书写、检验，并生成 HTML（Hyper Text Markup Language，超文本标记语言），在与用户的交互中便能完成工作。在文案方面，蓝博士可以撰写营销软文、广告文案、活动简讯等，并能快速生成创意想法；在智能对话方面，蓝博士能够对用户提出的问题进行分析，并生成相应的回答。此外，企业可以在使用蓝博士时上传资料，打造专属语料库。

蓝凌一直致力打造数智化办公新引擎。经过多年的迭代与实践，蓝凌 MK 数智化工作平台具备先进的技术架构、成熟的应用实践和开放的生态。蓝凌搭建了云原生微服务架构，提升了行业的敏捷性与创新性。蓝凌与安信、OPPO 等头部企业开展合作，展现了自身产品的可靠性。

蓝凌 MK 数智化工作平台不仅能接入 ChatGPT，还能接入通义千问、文心一言等大模型。在蓝凌数智化产品的支持下，企业的办公效率将得到提升。

9.2.2 自主研发大模型，创新办公应用

除了通过外部合作引入 AIGC 技术，一些实力强劲的办公企业还加深了对大模型的探索，尝试基于自有大模型创新办公应用。

例如，印象笔记自主研发针对办公领域的轻量化大模型"大象 GPT"。大象 GPT 能够对知识管理与办公协作场景进行优化，根据不同用户的不同需求为其提供不同的大语言模型。基于大象 GPT，印象笔记打造了 AIGC 产品"印象 AI"。印象 AI 功能强大，能够生成作文、媒体采访稿、广告文案等，还能够基于用户提问，生成合适的回答。

在内容生成方面，用户输入文章的主题，印象 AI 便能快速生成相应的文章。印象 AI 的页面中有"完成"和"继续写作"两个选项，如果用户点击"继续写作"并提出要求，印象 AI 将根据上文继续生成内容。

印象 AI 还能辅助用户进行新闻采写。例如，用户向印象 AI 提问"请列出采访印象笔记需要询问的问题"，印象 AI 会迅速给出 10 个问题，包括"印象笔记计划对人工智能的研究进行哪些投入""印象 AI 的算法是如何设计的"等。

印象 AI 的交互设计十分独特，没有问答界面，而是为用户提供许多场景选项。印象笔记认为，问答不一定是 AI 与用户交互的最好方式。用户在已有的模板中进行选择，有利于顺利开启对话，更能清晰地表达自身的诉求。未来，印象 AI 的交互菜单将会偏向私人定制化，满足用户的多元化需求。例如，对于传媒从业者，新闻稿与采访稿生成将会放到菜单的最前面。

印象 AI 会收集用户输入的内容与指令，用于模型训练。印象 AI 还会充分考虑用户的感受，根据用户的意见进行迭代，以生成丰富多样的高质量回答。此外，印象 AI 结合印象笔记"个人知识库"的概念，利用用户的数据进行训练，为用户构建专有模型，更好地为用户服务。

印象笔记认为，印象 AI 本质上是一个统计模型，用户可以将其作为一个辅助工具。例如，用户需要书写采访稿，可以利用印象 AI 生成草稿。但对于特别专业的问题，用户应该判断答案的准确性，而不能期望印象 AI 完全代替自身。未来，印象笔记将会持续对印象 AI 模型进行微调，以满足用户的多样化需求，为用户提供高效的交互方式。

9.2.3 微软：推出 AI 驱动工具 Copilot

微软与 OpenAI 的深度合作为其探索 AIGC 创新应用提供了便利条件。基于 OpenAI 的 AIGC 技术优势，微软更新了旗下的办公产品，打造了创新应用。

例如，微软在旗下办公应用 Microsoft 365 中接入了 AI 驱动工具 Copilot，并推出了生成式 AI 助手 Microsoft 365 Copilot，以提高办公效率。

该 AI 助手搭载 OpenAI 推出的 GPT-4 大模型，设置在 Microsoft 365 的侧边栏，可以作为聊天机器人随时被召唤，为用户带来智能、高效的办公体验。微软表示，Copilot 能够通过自然语言理解用户的需求，为用户提供个性化服务。随着自然语言理解技术的发展，Copilot 能够将大模型、用户数据和应用结合起来。

Copilot 贯穿微软办公产品线的始终，使数据能够在各个产品中流通。Microsoft 365 Copilot 能够将大模型与 Microsoft Graph 中的数据（如邮件、文档、会议、聊天等）和办公软件（如 Word、Excel、PPT 等）联系起来，并通过一系列步骤，将用户的命令转化为应用层的执行动作，如表 9-1 所示。Copilot 以迭代的方式对一系列流程服务进行处理和编排，最后构成了集大模型、用户数据和应用于一体的 Copilot System，具有多种多样的功能。

表 9-1   将用户的命令转化为执行动作的步骤

步骤	内容
第一步	用户在办公系统中输入 Prompt（提示符）。Copilot 收到用户的 Prompt 后，利用 Grounding（关联落地）技术对 Prompt 进行预处理。Copilot 的处理方式是借用 Microsoft Graph 对该 Prompt 的业务内容、背景信息等进行查询，并根据查询结果对 Prompt 进行修改
第二步	Copilot 将修改后的 Prompt 发送给大模型
第三步	大模型对 Prompt 进行回应，并将回应反馈到 Copilot。Copilot 对返回的 Prompt 进行处理，包括进行安全性、合规性的检查，并生成调用应用的命令
第四步	Copilot 向用户做出最终回复，并将调用应用的命令返回给应用

Copilot 与 Microsoft 365 紧密结合。在 Word 中，用户可以借助 Copilot 生成文稿，提高内容创作效率；在 Excel 中，Copilot 可以根据用户输入的数据生成可视化图表；在 Outlook 中，Copilot 可以帮助用户管理、生成邮件等；在 Teams 中，Copilot 可以帮助用户记录会议内容，并生成会议总结。Copilot 能够有效提高用户的办公效率。

微软还发布了一个被称为用户"私人助手"的软件——Business Chat。Business Chat 能够将数据转化为知识，提升企业办公效率。在 Copilot 的支持下，Business Chat 能够横跨软件进行信息汇总，辅助员工办公，成为企业办公新入口。例如，团队使用 Bussiness Chat，可以在同一个页面中推进业务，员工 B 可以对员工 A 创建的文档进行修改，实现协同办公，提高办公效率。

微软还将 Copilot 接入旗下的低代码应用开发平台 Power Platform。用户可以在平台上输入其想要的应用、功能和流程，Copilot 可以根据用户的需求创建应用，并提供改进建议，帮助用户节约应用开发时间，提升业务运转效率。

9.3　企业培训：AIGC 优化企业培训管理

培训是企业管理中的一项重要活动，也是提升员工工作能力的重要途径。以往，企业需要在培训课程打造、培训的开展、效果评测等方面花费大量的时间与精力，而有了 AIGC 的支持，企业培训将更加便捷，培训效率将大幅提升。

9.3.1　AIGC 提升企业培训效率与效果

AIGC 能够从多方面优化企业培训，提升培训效率与效果，如图 9-2 所示。

图 9-2　AIGC 优化企业培训的 3 个方面

1. 课程开发

在开展培训之前，企业首先要进行课程开发。以往，企业需要根据内部知识与培训要求制作培训课程、PPT、视频等，费时又费力。而有了 AIGC 的支持，企业可以将各种知识上传至 AIGC 应用，快速生成专属的培训课程。在生成文本、视频等多样化培训内容的基础上，企业还可以将培训内容与虚拟数字人结合，让虚拟数字人担任讲师对员工进行培训，这能够使培训更具吸引力、更高效。

当行业政策、企业制度更新时，企业只需要将新的内容上传到 AIGC 应用中，就能获得更新后的培训课程，十分便捷。

2. 学习陪伴

在企业培训过程中，基于 AIGC 的虚拟老师能够给予员工更多的陪伴。从最初的培训宣讲到中期的培训再到最后的培训测评，虚拟老师都可以参与其中，与员工进行拟人化的沟通，为员工答疑解惑。通过分析不同员工的学习情况，虚拟老师能够给出个性化的培训方案，帮助员工突破难点。在培训结束后，虚拟老师还能对员工的培训成果进行测评，并生成全面的测评报告。

3. 知识巩固

在培训结束后的知识巩固阶段，AIGC 也能发挥积极作用，如基于测评系统定期测评员工、基于学习系统随时为员工提供指导、生成活动方案助力企业文化传播等。

当前，在 AIGC 与企业培训相结合方面，一些企业已经做出了尝试。例如，智慧教育综合服务提供商弘成教育推出了智能问答、智能陪练等产品。在AIGC 技术的支持下，这些产品有了更严谨的对话逻辑和更丰富的评估维度。

以智能陪练产品为例，该产品面向企业培训，能够在线上构建模拟真实工作场景的虚拟场景，由智能机器人扮演各种角色，辅助员工进行培训与训练。基于语音识别、语音合成、自然语言处理等技术，智能机器人能够与员工互动，在提升员工学习兴趣的同时帮助员工更好地理解各种知识。

目前，弘成教育已经与雀巢、京东等企业建立了合作伙伴关系。未来，弘成教育将持续推动 AIGC 技术创新，为企业培训提供更加智能、多样的服务。

9.3.2 腾讯：为企业培训提供智能工具

腾讯打造了一站式的腾讯乐享企业社区，为企业提供多方面的服务。其中，基于 AIGC 能力，社区的主要服务"腾讯乐享 AI 助手"能够助力企业培训，帮助员工实现能力提升。

腾讯乐享 AI 助手融合了课堂、考试、培训等多方面的能力，具有知识问答、多模态搜索、智能生成考题等功能，能够帮助企业丰富内容生态，提升培训效果。具体而言，腾讯乐享 AI 助手具有以下两大功能。

1. 智能连接，高效获取内容

腾讯乐享 AI 助手能够缩短内容获取路径，提升员工获取知识的效率与质量。例如，在智能问答方面，腾讯乐享 AI 助手基于企业内部知识库进行模型训练，让问答内容更加垂直、专业，更符合企业的培训需求。每位员工都拥有专属的问答助手，可以随时学习企业知识。在智能搜索方面，腾讯乐享 AI 助手具有多模态智能搜索功能，能够检索出音频文件、视频文件中的内容，帮助员工获取更加全面的知识。

2. 智能生成，协助内容生产

在内容生产方面，基于对文档、视频、音频等内容的学习，腾讯乐享 AI 助手具备多样化的能力。例如，腾讯乐享 AI 助手能够生成高质量考题，推动培训工作顺利开展；还能生成活动创意方案，助力企业文化传播等。

有了腾讯乐享 AI 助手的支持，企业能够大幅节省培训时间与成本，员工也能获得更好的培训体验。

第 10 章

电商革命：AIGC 赋能电商行业新未来

AIGC 技术正以前所未有的方式革新电商行业的运营模式和用户体验。从智能文案创作、图片生成到视频制作，AIGC 不仅显著提高了商家的工作效率，降低了运营成本，还为用户带来了更加丰富、个性化的购物体验。

随着亚马逊、谷歌、京东等科技巨头纷纷布局 AIGC，这一技术逐渐成为电商领域创新与变革的核心驱动力。AIGC 将引领一场深刻的电商革命，未来的电商业务将更加智能、高效且富有创意。

10.1 AIGC 助力电商品牌推广

AIGC 为商家带来革命性的效率提升和创新空间，助力电商品牌推广。AIGC 能够快速产出高质量、多样化的电商文案，解决卖家痛点。同时，图片和视频生成应用能降低运营成本，提高制作效率，助力电商卖家吸引用户，提升转化率。

10.1.1 电商文案：个性化文案智能生成

在传统方式下，给产品命名，撰写详情页描述、营销邮件等文案工作往往需要耗费大量的时间，而且需要电商卖家具备一些专业的技能。而 AIGC 可以智能分析数据，快速生成高质量、多样化的电商文案，显著提升内容质量和创作速度。这种创新的内容生成方式不仅解决了卖家的痛点，也为电商内容创作开辟了新的道路。

例如，互联网广告营销平台阿里妈妈曾推出一款 AI 智能文案产品，该产品通过分析淘宝、天猫的大量数据，生成高质量的商品文案。该产品在生成文案的同时注重商品属性的多元化，能够根据电商卖家输入的关键词输出不同的文案，满足不同电商卖家的需求。如果电商卖家想要生成一条连衣裙的文案，在 AI 智能文案产品中输入"短款、连衣裙、仙女风"，就会生成相应的文案；如果电商卖家输入"长款、端庄、连衣裙"，则会形成另一种差异化文案。

AI 智能文案还设计了一套"What+Why"的文案生成逻辑，以实现商品属性多样化。文案的前半段是"What"，主要是根据商品的关键词进行功能描述和产品介绍；后半段是"Why"，即根据前半段的内容进行有逻辑的续写，主要描述商品的优点、为何购买它。最后，"What+Why"组合出差异性明显的文案，提升文案多样性。

营销邮件是一种特殊的电商文案，在电商营销中发挥着重要的作用。如何书写营销邮件是很多电商卖家在营销推广中遇到的一大难题。在书写营销邮件时，电商卖家可能会遇到邮件内容重复、影响转化、内容模板老套、无法吸引用户等问题。如何优化营销邮件，提高电商卖家与用户之间的沟通效率？电商卖家可以利用 AIGC 工具创作营销邮件。

例如，网易外贸通开发了 AI 写信功能，其具有两种功能：一是可以利用 AI 创作邮件；二是可以使用 AI 润色邮件内容。

AI 写信功能支持创作不同场景的邮件，有许多信件类型可供电商卖家选择，如产品介绍、节日祝福等。电商卖家只需要输入店铺信息、商品信息或商品的关键词，AI 便可智能生成一封邮件。如果电商卖家对这封邮件不满意，可以点击重新生成，获得一封新邮件。在确认邮件内容后，点击"填入到邮件"，便可直接发送营销邮件。

AI 润色功能可以帮助电商卖家润色自己撰写的邮件。电商卖家不仅可以选择邮件的具体用途与使用场景，还可以选择邮件的语气，如委婉、亲切、商务等，十分便捷。

"AIGC+电商"的模式，极大地提升了电商卖家的内容生产效率和内容质量，为电商卖家的内容创作打开了全新的空间。

10.1.2 电商图片：助力卖家降本增效

在电商行业中，图片是展示产品的核心要素，对吸引用户和提高销售额具有举足轻重的作用。然而，传统的摄影和后期制作过程既耗时又烦琐，导致商家的运营成本居高不下。AIGC 应运而生，为电商卖家高效生成图片提供了新的解决方案。

ZMO. AI 是一个 AI 图像生成平台，主要为电商卖家提供 AI 模特图片解决方案。电商卖家只需要提供服装产品图片与模特指标，便能合成自己需要的人物图片。ZMO. AI 研发了一款 AI 模特生成软件，电商卖家可以使用这款软件自定义模特的面孔、身高、肤色以及体型，输入自己想要的各项数据，便可生成一个符合自己要求的模特。

与传统的拍摄相比，AIGC 自动生成图片能够节约电商卖家的成本与时间。电商卖家宣传产品需要借助精美图片，图片需要由摄影师拍摄，不仅拍摄过程耗费时间，后期修图也耗费时间，而合成图片能够节约这一部分时间。ZMO. AI 官方数据显示，ZMO. AI 的中文平台"YUAN 初"能够帮助电商卖家降低 90% 的运营成本，提高 10% 的制作效率，提升 50% 的客户转化率。

ZMO. AI 具有方便、快捷的特点，电商卖家只需要想出创意，然后用语言详细描述创意，AI 就可以生成大量图片，电商卖家再从中挑选合适的图片即可。

为了给电商卖家提供更多便利，ZMO. AI 计划构建一个线上社区，电商卖家可以在社区中分享生成的图片，为其他人提供灵感。如果电商卖家觉得某张图片很有趣，可以给这张图片融入自己的元素，生成一张新的图片。

10.1.3 电商视频：AIGC 提供多样创作工具

作为一种极具影响力的传播媒介，短视频已经深入各行各业，特别是在电商领域，短视频已经成为一种重要的产品推广手段。然而制作短视频往往需要专业的技能和大量的时间，这给许多电商卖家带来挑战。AIGC 的出现，给电商卖家制作视频提供了创新的解决方案，电商卖家可以借助 AIGC 工具进行视频创作。

例如，Pictory 是一款 AI 视频生成应用，在没有视频创作经验的情况下，电商卖家可以借助其编辑、创作视频。电商卖家只需提供视频脚本，Pictory 便可以输出一个制作精良的视频，电商卖家可以将这个视频发布在自己的短视频账号上，以吸引用户。此外，Pictory 拥有利用文本编辑视频、创建视频精彩片段、为视频添加字幕等功能，可以降低视频创作门槛。

具有同样功能的还有 InVideo，其致力为有需求的人提供视频编辑工具。InVideo 为没有视频制作经验的电商卖家提供了一个 AI 驱动的视频编辑工具，电商卖家能够借助该工具在几分钟内创作一个视频。

借助该视频编辑工具，电商卖家可以按照自己的喜好设置字体、动画以及颜色，还能添加自己喜爱的音乐。InVideo 为电商卖家提供了超过 300 万个影片库、100 万个视频库以及 1500 个视频模板。如果电商卖家在制作视频时遇到字幕无法对齐的问题，可以借助智能视频助手解决这一问题。

借助 AIGC 视频创作工具，电商卖家可以开拓新的销售场景，获得更多潜在用户，创造更多的收益。

10. 2 AIGC 引领电商新时代

AIGC 重塑电商行业发展格局，赋能智能客服、虚拟主播、电商选品以及 3D 场景生成。智能客服可以理解用户需求，为用户提供个性化服务；虚拟主播可以高效地直播带货，降低直播成本，提升直播效能；AIGC 可以助力电商卖家精准选品，孵化爆款，打造差异化产品；3D 建模与虚拟场景结合，可以给用户带来沉浸式购物体验。总之，AIGC 成为电商领域创新发展的新引擎，驱动行业快速发展。

10. 2. 1 赋能智能客服，重塑电商体验

传统的智能客服仅能根据用户的提问生硬地回答问题，在 AIGC 的赋能下，智能客服转变为能够深度理解用户需求、为用户提供个性化建议、助力用户解决复杂问题的智能伙伴。

在 AIGC 和智能客服的支持下，电商平台将变得更加智能。电商平台能够"懂得"用户的想法和需求，为其提供个性化的商品和服务。

用户搜索某件商品时，智能客服能够通过语音对话的形式了解用户的需求，并向其介绍商品品牌、性能、型号等，根据用户的喜好向其推荐合适的商品。此外，智能客服还能对不同品牌的同类商品进行对比、测评，为用户做出购买决策提供依据。在贴心的服务下，用户犹豫和思考的时间缩短，能够更快地做出购买决策。

如果用户想要详细了解某件商品，可以与智能客服交流，询问细节问题并获得准确的回答。用户也可以进入店铺与智能客服进行更细致的沟通，了解商品的详细信息、优惠活动等。

用户购买完商品后，智能客服会主动询问用户的反馈，并解决用户提出的售后问题。例如，用户购买了商品，需要商家指导安装时，智能客服能够向用户发送安装视频，指导用户逐步安装。此外，对于不同用户对商品的评价，智能客服能够生成个性化回复，避免回复千篇一律。

电商市场竞争十分激烈，企业只有不断提升自身的技术实力，才能更好地为用户服务。而 AIGC 能够赋能智能客服，提升智能客服的智能程度，拓展智能客服的应用场景，为用户带来更好的购物体验。

10.2.2 赋能虚拟主播，打造电商直播新引擎

AIGC 技术已经在直播带货领域崭露头角，例如，AIGC 可以助力电商卖家创造栩栩如生的虚拟主播形象，有效降低商家的运营成本，提升销售效率。如今，虚拟主播已经成为电商直播中不可或缺的工具，在电商直播场景中扮演重要的角色，成为直播带货新模式。

基于 AIGC 的支持，虚拟主播具备多种优势（见图 10-1），能够助力商家直播带货。

1. 高效输出

基于 AIGC 在自然语言处理方面的优势，虚拟主播能够快速生成文本，回答观众问题，实现高效输出。在直播带货过程中，虚拟主播不仅能够根据产品信息、目标受众等生成对话，与观众进行自然的交互，还能为观众答疑解惑，实时与观众互动沟通。同时，虚拟主播能与观众进行情感化互动，安抚观众情

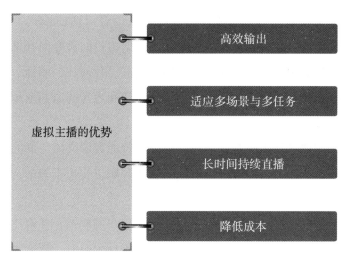

图 10-1　虚拟主播的优势

绪、对观众进行情感化关怀等。

2. 适应多场景与多任务

虚拟主播能够灵活地应用于电商直播的不同场景，如餐饮、家居、日化等。根据不同品牌和直播场景的需求，虚拟主播可以实现定制化开发，成为品牌的专属主播。同时，基于模型训练和持续学习，虚拟主播的性能与能力不断提升，可以适应不同的任务。

3. 长时间持续直播

虚拟主播能够实现 24 小时不间断直播，延长直播时长。在真人直播之外，虚拟主播直播可以作为补充，24 小时不间断地直播带货，满足观众随时购物的需求。当前，真人主播与虚拟主播结合的双主播模式已经成为潮流。

4. 降低成本

虚拟主播降低了直播带货的成本。随着直播带货的发展，电商行业对带货主播的需求量逐渐攀升，同时，主播的培养成本也不断攀升。无论是聘请外部主播，还是自己打造专业主播，商家都需要付出较高的成本。而相较于真人主播，虚拟主播的打造成本大幅降低，让更多商家实现了高质量的直播带货。

未来，在 AIGC 技术的驱动下，虚拟主播将走向智能化、差异化，在电商直播场景广泛落地。

10.2.3 赋能电商选品，孵化爆款新策略

在竞争激烈的电商市场中，选品策略扮演着至关重要的角色。商家和平台都需要精准地挖掘出具有销售潜力的产品，以提升业绩并优化用户体验。AIGC为电商行业的选品工作带来了革命性的变革。

借助AIGC技术和工具，电商平台的选品能力增强。电商平台可以监测商品动态，获得关于产品描述的优化建议、关于产品的智能分析、用户画像分析等，制定科学的选品策略。

一方面，电商平台能够基于AIGC的分析洞察客户需求，孵化爆款产品。AIGC能够对用户画像、用户评价、购买动机等数据进行分析，挖掘有价值的信息，精准筛选出具有爆款潜力的产品。

另一方面，电商平台能够基于AIGC的分析进行差异化选品，避免价格战。常规选品工作需要分析行业情况、竞争对手情况、用户需求等数据，而AIGC能够凭借数据分析能力，为电商平台提供智能选品方案，帮助电商平台打造差异化的产品矩阵，避免价格战。

总之，基于强大的数据分析能力，AIGC能够为企业和电商平台提供科学的选品建议，助力它们实现智慧选品。

10.2.4 助力电商实现沉浸式购物体验

用户的购物习惯正经历着深刻的变革，电商平台纷纷寻求创新以提供沉浸式的购物体验。通过3D建模和虚拟场景构建，AIGC能够帮助电商企业打造沉浸式的购物环境，使用户能够全方位、多感官地了解产品，从而提升购物满意度。从3D家居预览到虚拟试衣，AIGC的应用不仅增强了用户体验，还极大地提高了商家的运营效率和灵活性。随着技术的不断进步，AIGC有望进一步降低创建虚拟场景的门槛，推动沉浸式购物体验深化和普及。

3D建模在电商场景中应用广泛，能够更全面地展示产品。借助视觉算法生成产品的3D模型和纹理，用户可以全方位查看产品外观，降低购物的沟通

成本，提升购物体验。传统的 3D 建模技术虽然能够实现产品建模，但耗时较长，而 AIGC 技术能够提升 3D 建模的效率，同时提升产品的精度。

此外，AIGC 能打造更加沉浸的购物场景，提升用户的购物体验。例如，在线上家居购物场景中，AIGC 能够实现虚拟家居与现实场景的结合，便于用户挑选合适的产品。

以往，一些用户可能会购买一些外表好看，但与自家整体家居风格不匹配的家居产品，最后不得不退货。而基于 AIGC 技术，用户可以拍摄自家家居环境，AIGC 可以据此生成对应的 3D 场景。用户可以将心仪产品的 3D 模型放置到 3D 场景中，在线预览整体的组合效果。基于此，用户能够挑选出更合适的家居产品。

除了以上场景，虚拟试衣、虚拟试鞋、虚拟试驾等场景都离不开虚拟产品、虚拟场景，AIGC 在这些场景中同样有很大的应用空间。有了 AIGC 技术的支持，商家能够低成本、高效地构建虚拟场景，打造线上虚拟购物体验。

随着技术的不断发展，未来将涌现出更加多样化的 AIGC 工具，打造虚拟产品、虚拟场景的门槛与成本将降低，沉浸式购物将大规模落地。

10.3　AIGC 创新实践引领企业变革

在 AIGC 浪潮中，电商领域的领军企业，如亚马逊、谷歌和京东等纷纷布局，通过技术创新、接入 AIGC 能力、打造平台等方式，提升用户体验，实现运营和营销变革。它们的创新实践，引领着整个电商行业的未来发展方向。

10.3.1　亚马逊：借助 AIGC 赋能企业运营与技术创新

亚马逊在 AIGC 领域不断探索，拥有多项技术创新成果，如 AI 大模型服务 Amazon Bedrock 和大语言模型 Titan，能够满足用户多样化的需求。

Amazon Bedrock 能够为用户提供多样的大模型服务，它接入 Anthropic、Stability AI 等多家公司的基础模型，打造了"模型超市"，用户能够根据自己的需求选择不同的大模型服务。亚马逊自主研发的 AI 大模型 Titan 也是 Amazon

Bedrock 的基础模型之一。

　　基于 Amazon Bedrock 提供的基础模型，用户能够根据自己的需求个性化定制大模型，节省了开发 AIGC 应用的成本。通过对特定数据的训练、针对特定任务进行模型微调等，大模型能力能够迅速在多个场景落地，赋能企业运营。

　　基于强大的 AIGC 能力，亚马逊还推出了更加智能的 AIGC 服务，如智能客服解决方案。智能客服能够帮助企业生成营销文案、图像、视频等，能够与用户进行自然的对话，助力电商营销。

　　智能客服能够准确地理解用户的需求，并与用户进行顺畅的沟通。例如，在与用户沟通时，它支持文字、语音、电话等多种对话方式，能够根据用户的提问提供有针对性的解决方案。同时，智能客服还能不断学习，不断提升服务能力。例如，在与用户沟通后，智能客服能够保存历史记录，并在下次沟通中根据历史记录为用户提供个性化的解决方案。

　　此外，在客户服务过程中，智能客服能够处理各种用户数据，生成包含年龄、职业、需求等在内的用户画像，为企业进行用户管理提供支持。

　　未来，随着亚马逊布局的深入，其将推出更加多样化的 AIGC 产品，这些产品将在更多电商场景中落地。

10.3.2　谷歌：引领电商体验创新革命

　　作为全球知名的科技公司，谷歌始终站在技术前沿，不断探索和引领新的科技趋势。在电商领域，谷歌推出"AI 虚拟试衣"功能，给用户带来了前所未有的购物体验。

　　AI 虚拟试衣功能旨在解决网络购物中的一大核心问题：消费者在购买服装前，难以直观地看到衣物实际穿着效果。依托 TryOnDiffusion 生成式人工智能模型，这一功能能够拟真地将服装"穿"在不同体型、肤色、发型的模特身上，不仅解决了传统在线购物中用户无法试穿的痛点，更通过逼真的图像展示，让用户在购买前就能对服装的穿着效果有直观的了解。

　　AI 虚拟试衣功能能够展示衣服的垂坠、折叠、紧贴、伸展和起皱等细节，为用户提供更加真实的试穿体验。该功能支持从 XXS 到 4XL 的尺码范围，且模特姿势各异，能够满足不同用户的需求。用户只需在搜索中点击带有"试穿"标志的产品，然后选择与自己体型最为相似的模特，即可查看试穿效果。

目前，谷歌的 AI 虚拟试衣功能已经与 Anthropologie、Everlane、H&M 等品牌合作，为用户提供了丰富的试穿选择。

谷歌的 AI 虚拟试衣功能不仅提升了用户的购物体验，也为电商行业带来了新的发展思路。随着技术的不断进步和应用场景的拓展，谷歌将继续引领电商体验的创新革命，为用户带来更多惊喜和便利。

10.3.3　京东：以 AIGC 平台重塑企业营销

2023 年 12 月，京东推出了一项重大创新成果——京点点 AIGC 内容生成平台。这是一个基于人工智能技术的高效工具，旨在助力商家提升营销内容质量与营销效率。

商家现在可以借助这个强大的平台，轻松应对各种营销挑战，创造更具吸引力的营销内容，从而提高销售业绩和品牌影响力。

京点点 AIGC 内容生成平台具有诸多实用功能，如图 10-2 所示。

1. 智能抠图

该平台能够识别图片中的商品、人像、宠物等，实现智能抠图。除了能够根据用户要求精准抠图，该平台还支持自定义抠图，满足用户的个性化抠图需求。

2. 商品图生成

根据商品图片，该平台能够自动生成风格、效果多样的商品图，提升图片质量。该平台支持以下 4 种图像生成模式。

（1）商品场景图生成。该平台预置了数百个风格模板，支持用户自由选择，一键生成不同的商品场景图。

（2）以图生图。该平台能够根据用户输入的参考图，进行图像风格、元素分析，生成与参考图风格类似的商品场景图。

（3）文案生图。该平台能够根据用户输入的文案描述生成商品场景图。

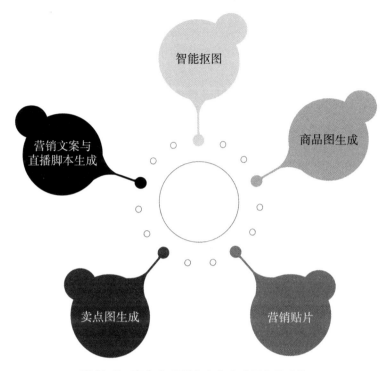

图 10-2 京点点 AIGC 内容生成平台的功能

（4）一键同款生图。用户能够在平台创意广场一键生成与其他用户分享的好图的同款图片。

3. 营销贴片

该平台预置了丰富的营销贴片，适用于春节、年货节、女神节等多种场景。用户能够根据自己的需求选择合适的营销贴片添加到商品图中。同时，该平台还支持分图层编辑，帮助用户设计更加精美的商品图。

4. 卖点图生成

在商品图片生成过程中，该平台能够提取商品的卖点信息，并在商品图中智能排版，生成融入卖点的广告图、商品详情图等。

5. 营销文案与直播脚本生成

通过商品名称、商品京东 SKU（Stock Keeping Unit，最小存货单位）编号等，该平台能够生成不同风格的商品营销文案、直播脚本等，缩短商品文案产出时间。

总之，京点点 AIGC 内容生成平台为商家提供了实用的内容生成工具。借助该平台，商家能够更轻松地进行活动营销、直播带货等工作，提升效益。

第 11 章

工业生产：AIGC 助力制造智能化跃迁

在这个技术爆炸的时代，企业如何吸纳先进技术，完成生产制造转型，是实现长远发展的重要命题。而 AIGC 在工业生产中的应用，为企业探索数智化的生产方式提供了路径。AIGC 逐渐成为企业生产制造智能化转型、实现降本增效的重要推动力。

11.1 工业大模型进入工业领域

AIGC 在工业领域的应用以工业大模型为依托，给工业领域带来了一场前所未有的变革。从优化生产计划到监控生产过程，从控制生产成本到实现智能制造，工业大模型以强大的数据处理能力和智能分析能力，推动工业领域向智能化、高效化迈进。

11.1.1 工业大模型崛起

伴随高质量训练数据的持续扩充、高性能计算技术的进步以及模型训练架构的不断更新，大模型在自然语言处理、图像识别、语音识别以及多模态识别等领域获得了显著突破。

传统企业在生产过程中往往面临诸多挑战，如计划不当导致资源闲置、监管不力导致产品出现质量问题等。将工业大模型与生产过程相结合，能够解决上述难题，实现生产智能化。具体而言，工业大模型具有以下四大优势，如图11-1 所示。

1. 优化生产计划

一般而言，制造企业需要根据自身资源情况、市场需求等制订合理的生产计划。但由于经验、数据分析能力的限制，制造企业制订的生产计划难以应对

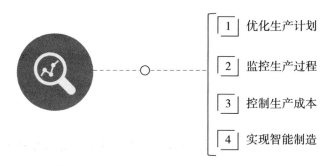

1 优化生产计划

2 监控生产过程

3 控制生产成本

4 实现智能制造

图11-1　工业大模型的四大优势

生产过程中的变化以及多样化的生产需求。而工业大模型可以基于海量数据和算法模型，对订单量、库存量、时间要求、设备利用情况等数据进行综合分析，制订合理的生产计划，提高生产效率和资源利用率。

2. 监控生产过程

工业生产过程中会产出大量数据，传统的管理办法难以实现对生产过程的实时管理和对生产数据的实时监测。而工业大模型可以通过传感技术、数据分析等，实现对生产过程的实时监控，帮助企业及时发现并解决问题，提高生产效率和产品质量。例如，工业大模型可以实现对设备运行状况、原材料消耗、生产线产能等因素的监测，及时发现生产中的异常情况，保证生产效率。

3. 控制生产成本

生产成本高是很多制造企业面临的一个难题。工业大模型能够基于成本控制策略，全面优化生产过程，降低生产成本，提高企业收益。例如，工业大模型能够对生产材料、能源、人工等因素进行分析，达到充分利用各种资源、降低生产成本的目的。

4. 实现智能制造

数字化浪潮奔涌而来，制造企业需要紧抓发展机遇，加快数字化转型步伐。工业大模型能够帮助企业实现智能制造，推动企业的数字化转型进程。例如，在工业大模型的助力下，工业机器人将变得更加智能，可以在生产、装配、质检等环节发挥作用，提高生产制造的自动化程度。

总之，工业大模型能够以强大的技术能力，破解工业生产中的诸多瓶颈。工业大模型已成为推动工业生产变革的重要力量，加速工业生产的智能化转型。

11.1.2　企业布局工业大模型与相关应用

在大模型时代，制造业正经历前所未有的变革，众多企业纷纷寻求创新技术以实现快速发展。作为一种新兴技术手段，工业大模型受到业界广泛关注。

2023 年 6 月，智能制造与数智创新企业思谋科技发布了工业大模型开发与应用底座 SMore LrMo。SMore LrMo 支持的开发场景涉及应用层、算法框架、基础设施服务等多个方面，具备算力资源调度、数据自动标注、应用开发等能力，覆盖工业大模型开发、应用全流程。

SMore LrMo 是聚焦工业场景的大模型开发与应用底座，能够解决工业场景下数据采集困难、计算集群分布广、大模型构建成本高等痛点。SMore LrMo 的优势表现在以下两个方面。

一方面，SMore LrMo 支持云边端设备和海量数据接入，能够对海量工业数据进行高效管理，同时具备分布式数据处理能力，能够处理复杂的数据。此外，其能够适配多种神经网络，满足企业对数据安全的要求。

另一方面，SMore LrMo 具备很高的通用性和强大的硬件适配能力，支持英特尔与 ARM 架构芯片，以及英伟达、寒武纪等加速卡。基于架构芯片与加速卡，SMore LrMo 适配百余种深度学习模型。在进行 AI 自动化感知调度时，可实现 20 个以上集群的管理调度，提高运作效率。

当前，大模型的火热掀起了 AI 发展的浪潮，加速了工业领域智能化变革，助力制造企业重塑生产流程，实现降本增效。而 SMore LrMo 的发布，为大模型在工业领域的应用奠定了基础，使更多企业使用工业大模型成为可能。

11.2　AIGC 赋能制造企业生产

在数字化与智能化交织的新时代，AIGC 能够赋能制造企业生产，引领工业领域迈向新的里程碑。从工业 3D 生成助力产品设计的高效创新，到系统智能进化实现生产流程优化，再到大模型推动工业机器人发生变革，每项技术的突破都在重塑制造业的未来。而 Omniverse 等 AIGC 平台的崛起，更是为工业设计注入了强大的动力。下面将深入探讨 AIGC 如何全方位地赋能企业生产，助力制造企业提升生产效率，优化生产流程。

11.2.1　工业 3D 生成赋能产品设计

AIGC 技术在产品设计领域的应用给传统产品设计流程带来了深刻变革，尤其体现在 3D 建模环节。过往的 3D 建模过程要求工程师具备扎实的专业技能和创意思维，同时投入大量时间和精力。作为 AIGC 的基石，大模型的引入使该过程效率更高、更智能化。具体而言，大模型能够为工程师提供以下帮助。

（1）提高设计效率

工程师可以在大模型中输入设计草图，生成 3D 模型，或以文本的方式描述对 3D 模型的各种细节要求。大模型能够根据草图或文本信息，生成符合工程师要求的高质量 3D 模型。

（2）提高质量

大模型能够根据工程师提出的细节要求优化 3D 模型，完善 3D 模型的质感、纹理等细节，提高 3D 模型的质量。

（3）创意辅助

大模型能够根据工程师的初步想法生成多种方案，为工程师提供创意辅助，便于工程师获得灵感。

当前，市场中可实现 3D 内容生成的 AIGC 应用已现雏形，为工业 3D 生成奠定基础。例如，北京智源人工智能研究院与复旦大学联合推出形状生成大模型"Argus-3D"。Argus-3D 可以通过图片、文字等信息，生成多样化的 3D 模型，如椅子、汽车等，并且可以展现不同的纹理与颜色，提升工业领域的 3D 建模效率。

通过增加模型参数，Argus-3D 的性能逐渐增强。其优势主要体现在以下几个方面，如图 11-2 所示。

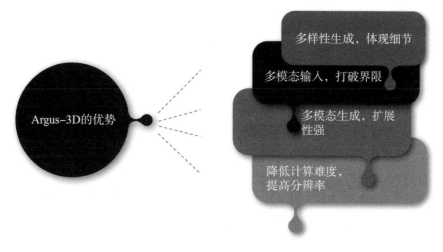

图 11-2 Argus-3D 的优势

（1）多样性生成，体现细节

在生成内容的多样性方面，Argus-3D 可生成丰富的物体形状。Argus-3D 具有优秀的生成质量表现，能够表现出精确的结构和丰富的细节，满足多样化的任务需求。Argus-3D 能够生成结构完整、轮廓流畅的 3D 模型，以椅子为例，Argus-3D 生成的椅子具有精细的结构，拐角转折关系清晰、合理，同时能够清晰地展现出椅子的材质。

（2）多模态输入，打破界限

Argus-3D 能够根据文本、图像、类别标签等多模态信息生成 3D 模型。这打破了输入源的限制，支持多模态输入，能够为用户提供更多便利，用户可以自由选择输入方式。同时，Argus-3D 能够根据多模态信息获得更完整的用户信息，精确识别用户需求，进而生成符合用户需求的 3D 模型。

（3）多模态生成，扩展性强

基于 Transformer 架构，Argus-3D 能够实现多模态生成。以往，3D 模型往往基于扩散模型构建，在分辨率上存在缺陷，难以生成具有高分辨率的模型。而 Transformer 架构能够提升大模型的性能，使大模型具备更强的 3D 模型生成能力。基于 Transformer 架构，Argus-3D 具备更强的可扩展性，能够生成更加复杂的 3D 模型。

（4）降低计算难度，提高分辨率

3D 生成应用往往存在分辨率较低，缺乏细节、纹理等问题，影响 3D 模型的真实感。Argus-3D 解决了以上问题。三维数据分辨率越高，需要的存储资源和计算资源就越多。Argus-3D 的研发团队通过三个正交投影的平面表示模型的特征，将复杂的立方计算转变为平方计算，降低了计算难度，提高了 3D 模型的分辨率。

未来，Argus-3D 将在技术迭代下不断升级，市场中也会出现更多的 3D 生成应用。在 AIGC 技术的支持下，工业 3D 生成将变得更加智能。工程师只需要执行必要的操作步骤，就可以基于 AIGC 应用快速生成高质量的工业 3D 模型，加快产品设计。

11.2.2　系统智能进化，优化生产流程

随着 AIGC 与产品生产领域的融合不断深化，其逐步融入各个系统，如 ERP、PLM（Product Lifecycle Management，产品生命周期管理）、MES（Manufacturing Execution System，生产执行系统）、CRM（Customer Relationship Management，客户关系管理）等，赋予各个系统 AIGC 能力，促使其升级、进化，从而驱动企业实现智能化升级，优化生产流程。

例如，AIGC 可通过分析制造企业的 ERP 数据，优化生产计划，提高生产效率；通过分析 PLM 数据，可以优化产品设计方案，降低产品开发成本，缩短产品开发周期；通过分析 MES 数据，可以优化产品生产的多个环节，提高生产效率，进一步保证产品质量；通过分析 CRM 数据，可以了解客户偏好，提高客户满意度。

以 ERP 系统为例，ERP 系统是一套协助企业管理、协调各部门运营的解决方案，集成了财务、物料、人力资源等多个方面，助力制造企业实现业务流程自动化。AIGC 与 ERP 系统结合，主要有以下几大优势。

1. 提高生产决策效率

AIGC 与 ERP 系统结合，可以使系统更适用制造企业的业务场景，使企业了解更多的产品、订单、客户等方面的信息。在 AIGC 的助力下，制造企业可

以更迅速地分析生产数据，制订生产计划，优化生产线。此外，AIGC可以自动处理大量生产数据，生成相应的报告，帮助制造企业更高效地进行生产决策。

2. 优化库存管理

在库存方面，AIGC可以分析制造企业的库存数据，预测库存需求，实现库存优化。制造企业可以实时监控库存状况，避免出现库存积压、缺货等问题，有效降低库存成本。

3. 提升销售预测准确性

AIGC可以分析制造企业的销售数据，并根据市场趋势进行销售预测。这能够帮助制造企业预测未来的销售额，制定更加科学的销售策略。

4. 提供新的决策方案

AIGC可以对制造企业的海量数据进行分析，给出新的生产决策方案，为制造企业的生产管理提供新思路。

某汽车制造企业经过多年发展过程，在ERP系统中集成了海量经营数据。在通过ERP系统进行下一年度产品销量预测时，却遇到了难题：ERP系统可以提供往年的销售数据、每款产品的销售数据、客户属性等信息，但难以发现这些数据之间的关系，难以实现科学预测。

基于这个问题，该企业决定引入AIGC，利用其强大的自然语言处理与机器学习能力进行科学的销量预测。在应用过程中，AIGC不仅可以对各种已知数据进行分析，还可以考量更多影响销售的因素，如汽车行业的销售趋势、油价走势等，这是ERP系统难以做到的。通过对大量数据的综合分析，AIGC可以给出较为准确的未来销量预测结果。

11.2.3 大模型推动工业机器人变革

大型模型技术为工业机器人的智能化发展注入活力，使其更能适应错综复杂的生产环节，提升生产效率与灵活性。借助大模型的优势，工业机器人将实现更高层次的发展，从而更高效地应对复杂问题。

一方面，依托大模型强大的能力，工业机器人拥有更加智能的人机交互能力，在接受指令、回答问题时更加自然。例如，用户可以通过口头指令指挥工业机器人，工业机器人能够很好地理解指令并执行相关操作。

另一方面，大模型能够提高工业机器人的视觉感知能力，帮助其识别和理解周围的环境，并做出科学的运动控制决策。例如，工业机器人可以凭借大模型定位工业零件，并根据指令执行抓取、组装等操作。

大模型与工业机器人的结合给工业机器人的发展带来更多可能性。传统的工业机器人往往只能完成单一任务，如焊接、喷涂等，工作效率不是很高。而有了大模型的助力，工业机器人能够完成多样化、复杂的任务，例如，工业机器人能够同时完成焊接、喷涂、零件组装等多种工作，通用性更强，帮助制造企业节省生产成本。

阿里巴巴积极推动大模型与工业机器人的结合，实现对工业机器人的远程操控。在其演示视频中，工程师通过钉钉发送"找点东西喝"的指令后，通义千问大模型会立即理解这一指令，并自动编写一段代码发送给机器人。接收指令后，机器人会识别周围环境，找到桌子上的水杯，流畅地完成移动、抓取等动作，将水杯递给工程师。

总之，大模型将重塑工业机器人的应用价值，为生产制造提供更加智能的解决方案。大模型与工业机器人的融合发展，将为工业领域带来更多创新成果。

11.2.4　Omniverse 平台：赋能工业设计

Omniverse 是英伟达研发的虚拟现实与仿真平台，旨在无缝连接现实世界与虚拟世界，打造更为逼真且富有交互性的虚拟环境。

Omniverse 平台能够帮助工程师、创作者和设计师构建设计工具、项目与资产之间的连接，在共享空间中实现内容的协作生产。Omniverse 平台的用户覆盖范围十分广泛，工程师以及任何可以使用 Blender 开源 3D 软件应用的用户都可以轻松地在 Omniverse 平台上生产内容。以下是 Omniverse 平台的主要应用，如图 11-3 所示。

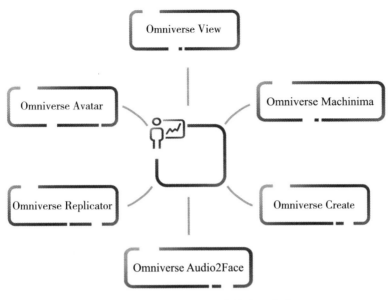

图 11-3　Omniverse 平台的主要应用

1. Omniverse Avatar

Omniverse Avatar 采用了自然语言理解、计算机视觉、语音人工智能和推荐引擎模拟等技术，能够生成交互式人工智能化身。Omniverse 平台创建的虚拟形象具备光线追踪的 3D 图像效果，是一种十分具象化的交互式角色。Omniverse Avatar 能够创建敏捷的 AI 助手。Omniverse Avatar 根据企业需求设计并生产的 AI 助手可以帮助企业处理数十亿次客户互动服务，如个人预约、餐厅订单、银行交易等，为企业创造更多的商机。

2. Omniverse Replicator

Omniverse Replicator 是一款合成数据生成引擎，主要用于生成训练深度神经网络的物理模拟合成数据。Omniverse Replicator 引入了两个生成合成数据的应用程序，分别是承载自动驾驶汽车数字孪生的虚拟世界"NVIDIA DRIVE Sim"和用于可操纵机器人数字孪生的虚拟世界"NVIDIA Isaac Sim"。这两个应用程序是该引擎取得的首批成果。

在使用上述应用程序时，创作者能够以突破性的方式引导 AI 模型填补现实世界的数据空白，并生成真实数据。Omniverse Replicator 可以根据机器人开发者的需求，生成精确的物理数据和真实数据。

3. Omniverse Audio2Face

Omniverse Audio2Face 是一款由 AI 支持的应用程序，其仅通过一个音频来源就可生成面部表情动画。Omniverse Audio2Face 可以根据创作者提供的音轨自动生成 3D 角色动画，角色类型主要包括电影角色、游戏角色和虚拟数字助手等。创作者可以将 Omniverse Audio2Face 作为传统的面部动画创作工具，也可以将其作为交互式应用角色的创建工具。

Omniverse Audio2Face 预装的 Digital Mark 支持音轨的动画处理，创作者只需要将音轨素材上传至 Digital Mark 音轨处理系统中，Digital Mark 便能即刻生成音频输入反馈并传输至深度训练的神经网络。而后，Digital Mark 能够根据音轨特征自动调整角色网格的 3D 顶点，从而创建生动的面部动画。在面部动画生成后，创作者还可以通过修改后期音轨处理参数来优化动画效果。

4. Omniverse Create

Omniverse Create 主要应用于高级场景的合成，其主要基于 USD（Universal Scene Description，通用场景描述）工作流的大规模场景而构建。Omniverse Create 能够借助简单的场景合成应用连接，从而突破场景创建流程瓶颈。因此，Omniverse Create 广受工程师、设计师和艺术家的欢迎。Omniverse Create 可以实时组建复杂的 3D 场景，并对场景属性进行精准的仿真，以实时交互的方式组装、模拟、渲染场景。

Omniverse Create 可以将各种类型的设计文件汇总在一起，实时更新设计文件的数据，轻松地追踪设计文件的修改，以便创作者对设计文件进行实时更新和快速迭代。Omniverse Create 能够将逼真的场景渲染结果合成高保真图像，并精准、稳定地截取图像画面，保障图像生成的质量和效果。

5. Omniverse Machinima

Omniverse Machinima 主要应用于动画电影创作，能够将虚拟世界中的角色和场景进行自然的融合，组成更加生动、逼真的动画场景。Omniverse Machinima 能够为创作者提供高保真渲染器和动画制作的便捷工具。

Omniverse Machinima 能够借助 Audio2Gesture 和 Audio2Face 技术将音频转化成动画。设计师只需要在音频转动画系统中输入动画的主题和台词，就可以生成生动的动画角色。借助 Blast、Flow 和 PhysX 5 等技术，Omniverse Machinima 能够为角色打造真实的物理特性，为角色的呼吸、动作增添真实感，使角色与环境能够充分融合。Omniverse Machinima 能够使用移动或网络摄像头精准地捕捉人体动作，助力 3D 动画角色更好地模仿人类动作。

6. Omniverse View

Omniverse View 是一款便捷且强大的可视化应用，能够为创作者提供丰富的场景预设素材。假如创作者想要为动画绘制天气状况，Omniverse View 便能够为创作者提供预设的一系列形态的太阳、云等素材。同时，Omniverse View 支持创作者对预设的素材进行调整，并引入一些必要的细节，以达到更加震撼、逼真的沉浸式可视化效果。

在 Omniverse View 平台上，创作者能够在动态的虚拟环境中查看动画的全保真模型并与其交互。Omniverse View 能够串联不同的移动端设备，连接供应商、项目经理和创作团队，从而实现流程无缝衔接。

Omniverse 平台是英伟达在 AIGC 赛道上的重要部署，其将创作素材进行整合和优化，为创作者提供功能强大的创作平台，帮助创作者创作出更完美的作品。

11.3 AIGC 工业生产的多方面创新

AIGC 正在推动工业生产领域的变革。凭借卓越的数据处理及模式识别能力，AIGC 在汽车生产、智能家居等多个领域取得了显著的技术突破与应用创新。

11.3.1 汽车生产：催生创新解决方案

在汽车生产过程中，AIGC 能够应用于汽车设计、系统打造等多个环节。

在自动驾驶领域，AIGC 及大模型技术对提升自动驾驶系统的反应速度、决策能力与安全性具有至关重要的作用。通过分析与学习大量驾驶数据，大模型能够不断优化自动驾驶系统性能。

英伟达很早就在自动驾驶领域布局，推出了包含算法、软件应用、芯片的全栈解决方案。英伟达 DRIVE Sim 能够提供模拟和渲染引擎，生成各种拟真的自动驾驶测试环境，可以模拟不同的天气，不同的路面和地形，白天和夜晚等不同的驾驶环境。DRIVE Sim 还配备了丰富的工具链，例如，神经重建引擎可以将现实场景中的数据迁移到仿真场景中，支持开发者修改仿真场景、增加合成对象等。

在大模型时代爆发后，英伟达致力搭建大模型底层架构，帮助企业构建自己的大模型。基于此，英伟达推出了 AI Foundations 云服务，帮助企业构建大语言模型、AI 生成式图像模型等。英伟达已发布了一些文章，展示其在自动驾驶领域的探索成果。英伟达在其中一篇文章中推出了生成式视频模型 Video LDM，可以实现文本生成驾驶场景视频，实现对不同场景的模拟。英伟达在另一篇文章中推出了神经场扩散模型 NeuralField-LDM，能够实现开放世界 3D 场景生成，为实现自动驾驶仿真助力。

除了英伟达，2023 年 5 月，智能操作系统及端侧智能产品与技术提供商中科创达在其举办的"Thunder World 2023 技术大会"上，展示了大模型领域的研发成果，并推出了魔方 Rubik 大模型。此大模型可与智能座舱、智能硬件等相结合，为汽车制造企业提供创新解决方案。

在大会上，中科创达还发布了魔方 Rubik 大模型在智能汽车制造领域的应用——Rubik GeniusCanvas。Rubik GeniusCanvas 的底层支撑技术包括智能编码大模型 Rubik Studio、3D 引擎 Kanzi 等，具备较强的智能能力。Rubik Genius-Canvas 能够在概念创作、3D 设计、场景搭建等方面为汽车制造企业提供帮助。

在现场，中科创达演示了 Rubik GeniusCanvas 辅助汽车设计的过程。工程师可以与 Rubik GeniusCanvas 进行自然语言交互，而 Rubik GeniusCanvas 能够从交互中识别工程师的设计需求，按要求进行图纸设计、模型搭建等，提升汽车座舱设计效率与质量。

在此次大会上，中科创达还举行了人工智能联合创新实验室的揭牌仪式。该实验室由中科创达与亚马逊云科技共同打造，双方基于实验室，围绕大模型在行业中的创新应用开展合作。凭借中科创达在操作系统、人工智能等方面的先进技术和亚马逊云科技领先的云计算技术，该实验室能够推进大模型的落地应用，将大模型应用于包括汽车智能制造在内的多个场景。

在大会现场，中科创达还展示了基于魔方 Rubik 大模型的系列产品，以及在智能硬件、车路协同等领域的最新解决方案，展示了其在智能化进程中为客户提供一站式服务的技术实力。

当前，汽车制造的智能化程度不断提升，智能汽车硬件、自动驾驶等方面的应用需要大模型提供数据、算力以及生成能力的支持。大模型的出现，将改变汽车制造的方式与创新方式。未来，如何充分挖掘大模型的应用价值，基于大模型升级汽车制造方案、提升用户体验，是汽车制造企业发展的关键。

11.3.2　智能家居：AIGC 助推全屋智能升级

AIGC 在智能家居领域的应用正如火如荼地进行，全屋智能成为现实。全屋智能以家庭生活空间为核心，构建全方位的智慧生活环境。具体而言，全屋智能包括以下内容，如图 11-4 所示。

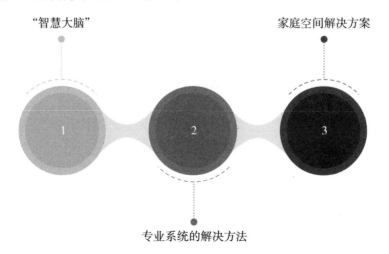

图 11-4　全屋智能的三大内容

1. "智慧大脑"

全屋智能包括一个具备数据收集与分析、智能决策能力的"智慧大脑"，以 AI 智慧屏为载体，分布式融入诸多家庭场景中。AI 智慧屏既支持用户向各种智能家居设备发出指令，还支持屏与屏之间、手机与屏之间的互动与协同。

2. 专业系统的解决方案

全屋智能包含多个专业系统的解决方案，如智能照明系统、智能影音系统、智能安防系统等。智能照明系统支持用户定制全屋照明场景，满足不同的照明需求，能够实现无感自然交互。智能影音系统能够实现多种影音设备的集成控制，同时关联智能照明、智能窗帘等系统，在观影模式下打造适宜的观影环境。智能安防系统能够监测并控制燃气、水、电等的使用，全空间、全时段保障家庭安全。

3. 家庭空间解决方案

全屋智能包含多个家庭空间解决方案，如智慧玄关、智慧客厅、智慧卧室等。在智慧玄关场景中，智能门锁、安防系统、照明系统等相互连接，支持用户一键启动离家模式或回家模式。智慧客厅能够实现多种智能家居设备的联动，通过灯光、窗帘、背景音乐等打造娱乐场景、观影场景、会客场景等。智慧卧室能够根据用户睡前、睡中等不同场景调节窗帘、灯光、温度等，为用户打造个性化、舒适的安睡空间。

在"AIGC+智能家居"方面，2023 年 10 月，美的集团推出了"美的家居大脑"智能主动服务引擎。该引擎搭载美的集团旗下家居领域大模型"美言"，具备感知、交互、决策等能力，支持智慧烹饪、智慧能源等业务系统，覆盖生活的方方面面。

美言大模型是"美的家居大脑"的 AIGC 能力来源，能够支持"美的家居大脑"对用户需求的快速响应，更好地理解用户意图、上下文关联等。同时，美言大模型具备专业领域的知识，能够理解用户的需求并准确地回复用户关于家居领域的问题。

未来，随着 AIGC 技术的发展和应用，更多的智能家居设备、智能家居系统将接入 AIGC 技术，能够实现理解式交互、无感交互的全屋智能将成为现实。

11.3.3　微软联手西门子：探索 AIGC 智能生产

2023 年，微软和工业巨头西门子在 AI 领域加强合作，利用 AIGC 技术优化包含工业设计、制造、运营等环节在内的整个工业流程。

通过此次合作，西门子产品生命周期管理软件 Teamcenter 和微软的协同软件 Teams、Azure OpenAI 服务实现了集成，这大幅提升了西门子跨职能部门的协作能力，同时赋能软件开发、报告生成、质量检测等工作，提升西门子的自动化生成水平。

通过此次合作，微软将协助西门子简化工作流程，打造更加和谐的协同环境。微软对西门子的助力主要体现在以下三个方面。

1. 以 AI 促进内部协同

集成微软 Teams 软件的 Teamcenter 实现升级，助力工程师、操作人员和不同部门的工作人员快速实现闭环回馈。在新软件的助力下，操作人员可以通过自然语言记录产品存在的问题。同时，在 Azure OpenAI 服务的助力下，该软件可以解析接收的语言数据并生成总结报告，发送给相应的工程师。

同时，微软 Teams 软件提供各种便利功能，如推送通知以简化审批工作、缩短提出设计变更请求的时间等。微软 Teams 软件与 Teamcenter 集成，可以为工作人员提供更多支持，使其能够更便捷地参与产品设计和制造流程。

2. 以 AI 驱动生产自动化

微软和西门子将共同帮助工程师加快可编程逻辑控制器的代码生成。在2023 年 4 月举办的汉诺威工业博览会上，微软和西门子共同展示了如何借助 ChatGPT、Azure OpenAI 服务等提高西门子的工业自动化水平，包括如何使用自然语言生成代码、怎样实现软件的错误识别并生成解决方案等。AIGC 的应用极大地提升了西门子产品生产的自动化水平。

3. 利用工业 AI 检测产品缺陷

在生产过程中尽早检测到产品存在的缺陷，能够避免后期生产调整耗费的巨大成本。借助计算机视觉工业 AI，企业能够更精准地识别出产品差异，快速调整，轻松实现产品质量控制。

在 2023 年的汉诺威工业博览会上，微软与西门子展示了如何通过部署 Azure OpenAI 服务和西门子 Industrial Edge 工业边缘解决方案，借助 AI 系统对摄像机捕捉到的内容进行分析，并将其用于车间构建、车间运行等场景中。

微软凭借 Azure OpenAI 服务为制造企业赋能，助推制造企业自动化、智能化迭代。未来，微软将携手更多企业，以先进的 AIGC 技术助力更多企业快速发展。

第 12 章

城市管理：AIGC 驱动智慧城市建设

随着信息技术的飞速发展，城市管理领域迎来一场由 AIGC 驱动的深刻变革。AIGC 以其强大的数据分析和智能决策能力，为智慧城市建设注入新动能，逐步渗透城市管理的各个环节，助力城市实现精细化、智能化管理。AIGC 将不断推动城市管理模式创新，打造更加智慧化、安全、宜居的城市环境，为城市的高质量、可持续发展贡献力量。

12.1 AIGC 为城市管理提供有效方案

AIGC 为城市管理提供了创新解决方案。具体而言，AIGC 可以优化资源配置，提升公共交通效能，提高气象预报精确性，赋能政务管理。AIGC 技术已经成为提高城市管理能力的关键力量，为市民带来更加便捷、高效的生活体验，为城市管理者和决策者提供更加强大的数据支持和智能分析工具。

12.1.1 AIGC 助推城市资源优化配置

随着城市化进程的加快，城市资源配置方面存在的问题日益凸显。基于对城市数据的分析与预测，AIGC 有助于城市规划与管理，可以实现城市资源配置优化，促进城市高效运转。

城市资源配置优化表现在对基础设施、政务资源、医疗资源、环境资源等多方面资源的合理分配。在这几个方面，AIGC 的具体应用如图 12-1 所示。

1. 智慧基础设施：AIGC 助力高质量运营

智慧基础设施建设既包含对有线、无线宽带等信息网络的升级换代，也包含对城市供水、供电、供气、供热管道网络以及道路桥梁等设施的智能化建设。

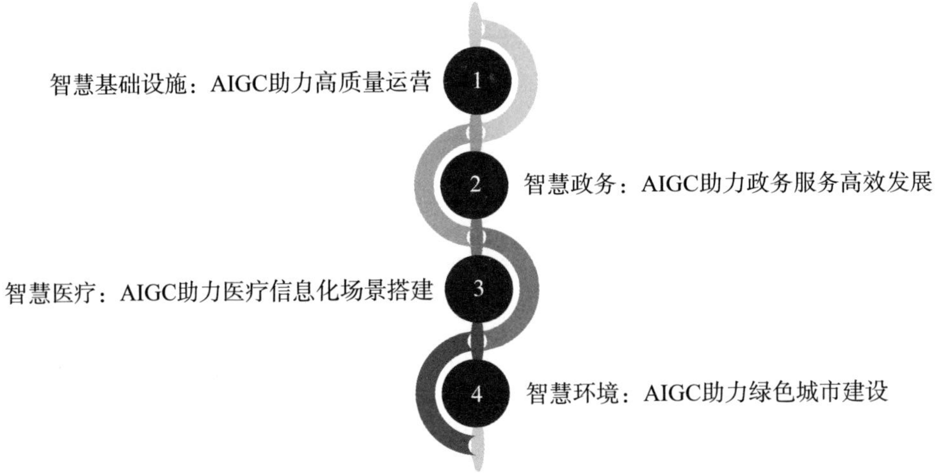

智慧基础设施：AIGC助力高质量运营 ①

② 智慧政务：AIGC助力政务服务高效发展

智慧医疗：AIGC助力医疗信息化场景搭建 ③

④ 智慧环境：AIGC助力绿色城市建设

图 12-1 AIGC 优化城市资源配置的具体应用

以智慧供电为例，AIGC 能够通过收集城市电力设备的能源使用数据，分析设备状况，判断是否存在供电短缺或浪费的问题；还能够分析影响城市用电量的因素，建立相关性模型，分区域预测未来用电量，进而协助有关机构优化储电、供电设施的布局。

2. 智慧政务：AIGC 助力政务服务高效发展

在政务服务方面，AIGC 能够通过深度学习对话式 AI 在政务方面的应用经验，推动政务服务高效、智能发展。第一，AIGC 能够严格遵守相关的法律法规和规章制度，合法、合规运行。第二，通过构建访问控制系统，AIGC 能够对市民的身份、财产等隐私信息进行加密，保证数据的安全性。

此外，AIGC 能够保障政务服务具有公平性和可解释性。通过大规模的数据训练和算法升级，AIGC 能确保政务服务面向全体市民，并以通俗的表达方式，为市民提供政策解读和政务办理服务，让政务服务更有温度。

3. 智慧医疗：AIGC 助力医疗信息化场景搭建

在医疗领域，AIGC 可以收集、分析医疗数据，协助医生诊断疾病、制定治疗方案，为患者提供更准确、更高效的医疗服务，从而节约医疗成本，提升医疗服务的智慧化水平。例如，GPT-4 已深入医疗领域并实现商用合作，给医疗信息化建设、互联网问诊等带来颠覆性变革。

GPT-4具备多模态输入能力，可以输入患者和医生的对话，提取关键信息，自动生成电子病历，并导入医疗信息化系统。该功能可以节约医生手动输入信息的时间，让医生可以更加专注地询问患者情况。

在线上问诊方面，GPT-4依托强大的自然语言理解能力，能够更加灵活地与患者对话。通过从患者的描述中提取并整理其基本信息、症状、过往用药史等，GPT-4能够提高医患沟通效率，实现高效的线上问诊。

4. 智慧环境：AIGC助力绿色城市建设

智慧环境建设包含城市污染防治、生态环境保护等多个方面。以大气污染防治为例，AIGC能够通过收集PM2.5值、工厂废气排放量、道路汽车通行量等与大气污染相关的数据，结合已设定的工厂废气排放量、汽车尾气排放量等指标，进行数据分析。

基于此，大模型可以判断不同区域造成大气污染的主要因素，通过建立相关性模型，生成多种大气污染防治方案。在多种方案的基础上，大模型还可以构建指标评估体系，对不同方案的社会效益进行综合评估，以实现低成本、高效的大气污染防治。

AIGC可以实时分析获取到的环境数据，结合GIS（Geographic Information System，地理信息系统）进行环境影响评估，及时发现环境问题，生成解决方案。AIGC还可以对城市污染排放进行监测、预警和管理，提升城市环境质量，助力绿色城市建设。

12.1.2 AIGC提升公共交通效能

随着道路网络建设日趋完善，车辆数量持续攀升，我国城市交通已步入快速发展期。然而，随之而来的是交通问题日益突出，道路通行能力和市民出行体验下降。

AIGC在交通领域落地应用，能够推动智慧交通的发展，提升交通的安全性和效率。具体而言，AIGC能够从以下三个方面出发，优化城市交通，如图12-2所示。

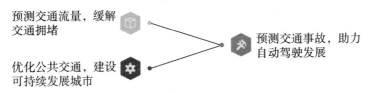

图 12-2　AIGC 在交通方面的具体应用

1. 预测交通流量，缓解交通拥堵

AIGC 能够通过对过往交通数据的分析，建立集成模型，对未来交通流量进行预测。同时，其能够实时获取交通信号灯信息，帮助驾驶员了解前方路段的红绿灯分布情况，为驾驶员提供可替代路线。此外，其能够结合预测结果，为交通管理部门决策提供支持，根据拥堵状况调整信号灯时序，优化交通流量，改善拥堵状况。

2023 年 4 月，百度发布了全域信控缓堵解决方案。该方案以多种交通大模型为底座，通过建立机器视觉系统，实时感知交通数据的变化。该方案能够及时发现并分析拥堵情况，协助交通管理部门优化信号灯配时，为驾驶员提供多种路线方案。同时，该方案不仅能够对常态化拥堵、异常性拥堵提出解决策略，还能对易造成拥堵的学校、景区等单点单线区进行分析。

2. 预测交通事故，助力自动驾驶发展

AIGC 可以对过往交通事故进行分析，对事故多发路段进行预测。交通管理部门能够结合预测结果，在可能发生事故的路段增设交通标志，加派巡逻人员。AIGC 还能与智能车载健康监测系统相结合，利用存储在云端的驾驶员生理参数，实时监测驾驶员的健康状况，避免驾驶员因过度疲劳而引发事故。

在紧急情况下，AIGC 可以迅速判断并采取车辆紧急制动措施，避免事故发生。通过不断学习和迭代，AIGC 能够适应日益复杂的道路环境，提高驾驶的安全性和效率。

3. 优化公共交通，建设可持续发展城市

在公共交通领域，AIGC 可以汇集各级干道的交通流量数据，整合公交、地铁换乘线路及各站点客流量等信息，为市民提供最优乘车路线；实时监测城

市交通状态，缩短应急情况处理时间，妥善解决交通问题。

通过收集路面情况、天气变化等方面的数据，AIGC 可以帮助驾驶员优化行驶路线，进一步提高出行效率。此外，AIGC 可以结合高精度传感器监测路面磨损，自动向有关机构发出警报，防患于未然，提高道路安全性。

利用模拟退火算法和粒子群优化算法，并结合空气质量指标，AIGC 能够鉴别空气中的污染物质。同时，AIGC 能够通过对城市交通系统的全面分析，拟定可增加的公共交通线路，在有效缓解交通拥堵的同时减少污染物排放，助力节能减排，建设可持续发展城市。

12.1.3　AIGC 提升天气预报精确性

近年来，全球范围内的极端天气现象频发，对民众的生产和生活造成了严重影响。基于此，各国对更精确、更高效的中长期天气预报的需求日益增长。在 AIGC 与天气预报深度融合方面，国内外的一些企业不断探索，推出了一些解决方案。

1. 谷歌发布深度学习模型 MetNet-2

谷歌发布了深度学习模型 MetNet-2，与其前身 MetNet 一样，也是一种深度神经网络。深度学习模型为气象预测提供了一种全新的思路：根据观测到的数据进行气象预测。相较于以大气的物理模型为基础进行预测，基于深度学习模型的气象预测在一定程度上打破了高计算要求的限制，在提升预测速度的同时，扩大预测范围，提高预测的准确性。

在预测过程中，MetNet-2 直接与系统的输入端和输出端相连，进行深度学习，从而大幅减少预测所需的步骤，提高预测结果准确性。该模型以雷达和卫星图像作为输入信息来源，并将物理模型中的预处理启动状态作为预测额外天气信息的基础，以捕获更全面的大气快照。

2. 清华大学国家气象中心、国家气象信息中心联合研发临近预报大模型 NowcastNet

极端降水临近预报大模型 NowcastNet 使用时间跨度长达 6 年的雷达观测数

据进行训练。针对全国范围内的极端降水天气，该模型能够提供更加精准的预报服务。

在大型雷达数据集的测试中，NowcastNet能够更加清晰、准确地预测强降水的强度、下落区域和运动形态等气象信息，并对强降水超级单体的变化过程进行精准预测，在极端降水临近预报方面展现出巨大的应用价值。

随着AIGC不断发展，其在气象预报领域的应用将越来越广泛。未来，更加智能、高效的气象预报系统将出现，为人们提供更加精准的天气信息。

12.1.4 政务大模型：智能决策，赋能政务

政务管理是城市管理的重要组成部分。在这方面，不少企业积极探索，推出了聚焦政务领域的大模型，赋能政务决策并提供多样化的政务服务。

例如，致力AI技术研发的拓世科技推出了拓世大模型，为智慧政务的发展提供强有力的支持。这主要体现在以下三个方面，如图12-3所示。

图12-3　拓世大模型对智慧政务的三大支持

1. 智能决策赋能政务

拓世大模型能够为政务数据处理、分析提供支持。其能够快速分析海量政务数据，挖掘数据间的关联与趋势，为政务决策提供数据支持。

2. 提供智慧服务

拓世 AI 数字人在智慧政务建设过程中发挥着重要作用，其能够作为助手与用户进行智能化沟通，高效响应用户的各种需求，为用户提供个性化的政务服务，提升政务咨询处理效率。同时，基于拓世大模型的智能城市管理系统能够实时进行交通监测、环境监测等，及时预警突发事件，保障市民安全。

3. 助力网络安全防护

在网络安全方面，拓世大模型能够智能分析各种网络骗局，并及时预警，同时能够针对风险生成相应的劝阻方案、宣传物料等，帮助公安机关高效预防和打击犯罪行为，保障市民的人身、财产安全。

除了拓世科技，百应科技发布了政务行业垂直大模型"万机"。该模型深入政务领域，在政策详解、政务事项办理、反诈普及等方面发挥重要作用。

首先，万机大模型能够整合不同地区的最新政策，及时、准确地为市民提供相关政策解读服务，解答市民关心的问题，提高政策的普及度。其次，该模型能够通过和市民对话，结合历史信息，精准掌握市民的政务需求，为市民提供合适的解决方案。最后，该模型提供 24 小时智能政务服务，市民可以随时查询政策、申请服务，政务服务更加贴心。此外，该模型能够处理日常流程性工作，帮助工作人员提高工作效率。

12.2 AIGC 赋能城市安防

在当前快速城市化的背景下，人们对安防产品的需求不断增长。企业应紧抓这一发展机遇，借助 AIGC 技术探索并推出多元化城市治理产品，通过赋能城市安防实现前瞻性战略布局。

12.2.1 AIGC 为城市安全保驾护航

近年来，安防行业在 AI 技术的推动下迅猛发展，已步入成熟稳定的阶段。而 AIGC 的出现，为城市安防提供创新解决方案和更为强大的智能支持，有助于应对复杂城市环境中的安防挑战。

安防领域的智能应用比较安全、可靠，但也存在灵活性不足的缺陷，难以适应安防场景不断更新的需求。而大模型拥有更强大的通用能力和开发能力，可以大幅降低智能安防应用的定制化开发成本。企业可以基于大模型上传安防数据，训练聚焦安防场景的安防大模型，打造更加先进的智能安防系统。

基于 AIGC 的能力支持，智能安防系统能够适配校园、医院、住宅等多种场景。例如，在校园场景中，智能安防系统能够与电子门锁相关联，设置教室、宿舍、办公室等区域的门锁权限；与高精度摄像头的人脸识别功能相结合，完善刷脸进校系统和 24 小时机器人巡逻系统，保证教师、学生以及其他工作人员的人身、财产安全。

AIGC 能够为安防领域提供更准确、更智能的解决方案。基于 AIGC 的智能安防系统不仅能够通过学习历史数据，快速响应未知事件，还能通过分析数据，对可能发生的事件进行预测，为安防决策提供智能化支持。同时，基于多模态技术，智能安防系统能够将文本、图像、视频等数据融合，实现全面、准确的安防预警。智能安防系统还能通过对图像、声音的分析，实现目标行为识别与异常检测。

基于高分辨率的成像设备，AIGC 能够帮助智能安防系统提取更加详细、微小的实物特征，例如，对人物外貌特征、面部表情的识别和分析，对车辆颜色、型号的精准判断等，有助于节约人力资源，提高安防工作的效率。

在 AIGC 与安防融合应用方面，不少企业已经做出了尝试并有了一些成果。2023 年 6 月，"第十六届中国国际社会公共安全产品博览会"在北京召开。会上，人工智能方案提供商联汇科技面向安防行业智慧化升级的需求，展示了视觉大模型能力服务、基于大模型的智能助手、城市基础数据分析平台等多种产品，助力安防行业数智化发展。同时，联汇科技对旗下视觉语言预训练大模型的能力、相关产品与服务、应用场景等进行了讲解，得到了人们的一致好评。

此次博览会颁发了"第八届优秀创新产品重大行业创新贡献奖"，联汇科技的视觉操作平台 OmVision OS 斩获"创新产品奖重大贡献奖"。未来，联汇科技将凭借大模型的支持，推动旗下各种安防产品的落地和推广，为客户提供优质的体验与服务，助力安防行业智能化发展。

随着 AIGC 的发展，其与安防行业的融合将不断加深，智能安防领域的竞争将更加激烈，安防行业不断向智能化发展。随着大模型在安防领域的普及，智能安防解决方案将在更多安防场景落地。

12.2.2　大模型提供系统化城市安防解决方案

大模型已逐渐成为推动城市管理现代化的重要支柱。通过对海量数据的深度学习与分析，大模型能够揭示城市运行的内在规律和发展趋势，为智慧城市建设注入动能。

多模态机器学习要求大模型能够处理视觉、文字、声音等多种模态的信息，并将其整合、关联起来。通过利用多种不同来源的信息，多模态大模型能够减少不确定性，获得更加全面、准确的特征表示，进而扩大应用范围，适用于更多任务场景。

2023 年 5 月，360 公司发布了"360 智脑·视觉大模型"。360 公司的创始人认为，大模型多模态能力增强的核心是借助大语言模型的认知、推理和决策能力。360 公司将视觉感知能力与"360 智脑·大语言模型"相结合，针对不同的安防场景，对大模型进行微调，提供定制化的安防方案。"360 智脑·视觉大模型"主要有以下 3 种能力。

1. 开放目标检测

在部分实体店场景中，多有人为遮挡、偏移摄像头的干扰现象出现。而"360 智脑·视觉大模型"具备开放目标检测功能，能够解决以上问题。基于用户输入的开放性描述，如"墙上的白色中文 Logo"，该模型可以精准理解文字含义，进而通过摄像头做出相应识别。

2. 图像标题生成

该能力旨在让大模型以人类的思考方式理解图片内容。"360 智脑·视觉大模型"可以快速标注、提取出图片中的主要信息，如一个中年男子躺在白色地板上、黑色的鸟在雨中飞翔等，避免因图片和文本相似，导致用户在检索时无法高效地获取信息。

3. 视觉问答

在实体店巡检场景中，"360智脑·视觉大模型"能够使视觉问答的交互更加自然。巡检人员通过语言描述把想要检查的项目表述出来，大模型就可以分析图片，进而输出巡检项目打分表。

"360智脑·视觉大模型"还可以应用于其他安防场景。例如，在物品存放方面，该模型能够通过对区域进行分割，运用开放目标检测功能，对各区域的分割形状进行实时监测，确保其未发生变化，保障存放的物品完好无损；在设备巡检方面，该模型能够通过深度估计的方法，监测设备位置，分析设备是否发生偏移。

在多模态大模型的支持下，能够进行文本分析、图像分析、音频分析、视频分析的智慧化安防系统将出现。多模态数据的融合分析将大幅提升安防系统识别危险、进行危险预警的准确性，更好地满足多样化的安防需求。

12.3　AIGC 推动城市治理高质量发展

AIGC不仅能够处理和分析海量的城市数据，还能提供智能化的决策支持，极大地提升城市治理的效率和质量。下面将深入探讨AIGC在城市治理方面的应用，并结合具体案例，展现AIGC的具体落地路径和应用价值。

12.3.1　公共服务：城市服务接入大模型

在城市公共服务方面，大模型能够助力构建全新的公共服务解决方案，以满足日益增长的公共需求。

2023年4月，江苏省无锡市城市服务客户端"灵锡"正式接入阿里云通义千问大模型。借助通义千问大模型的多模态知识理解能力，灵锡客户端对内部系统进行全面升级，助力政务、公共服务水平不断提升，深入探索数字化城市建设。

灵锡客户端覆盖教育、医疗、交通、文化、就业、社会保障等多个领域，为用户提供丰富、便捷的城市公共服务。该客户端设有便民地图板块，为用户提供所在区域周边的医疗机构、教育培训机构等相关信息。

针对儿童群体、老年人群体、残疾人群体，灵锡客户端能够提供相应的母婴服务、药店位置、康复机构等相关信息。作为一个能够提供近千项公共服务的大型客户端，灵锡借助通义千问大模型强大的自然语言理解能力和智能问答能力，正不断提升服务效率和服务水平。

灵锡客户端还与无锡市电子地图相结合，将无锡市各类教育培训机构按所在区域、是否面向义务教育进行划分，帮助用户更快地查询有关内容。

在交通出行方面，灵锡客户端基于通义千问大模型整合、分析无锡市交通数据，能够为购买电动汽车、油电混动汽车的用户提供加油站、汽车充电桩等信息。该客户端与无锡市交通设施相连，能够及时为用户提供交通设施故障信息；其也与无锡市公安政务服务平台相连，方便用户随时查询交通违章记录并及时缴纳罚款。

在文化旅游方面，通义千问大模型整合无锡市各大博物馆以及知名历史建筑信息，加速灵锡客户端开通博物馆预约、景点查询等服务，助力无锡市旅游产业发展。此外，通义千问大模型汇集大量图书信息，助力灵锡客户端打造数字图书馆，用户能够在灵锡客户端一键借书，促进无锡市文化产业发展。

未来，灵锡客户端将借助大模型不断优化内部系统，提供面向更多场景、用户的公共服务，搭建城市数字生活全领域、一站式的服务平台，为无锡智慧城市建设添砖加瓦。

12.3.2 环境治理：改善环境质量

AIGC 与城市治理的结合能够助力城市打造更加完善的治理体系，解决城市治理所面临的各种挑战，如环境治理挑战。

在环境治理领域，AIGC 发挥着重要作用，能够显著改善环境质量。

（1）环境监测与预警。利用传感器和监测设备收集大量环境数据，结合 AIGC 和数据分析技术，实现对环境状况的实时监测和预警，及时发现和预测水质、空气质量、噪声等环境污染和灾害风险，便于相关部门采取相应的干预和处理措施。

（2）垃圾分类与处理。AIGC 技术能够对垃圾进行智能分类和识别，提高垃圾分类的准确性和效率；对垃圾产生、回收和处理的数据进行分析，优化垃圾处理流程，提高资源利用效率，减少对环境的负面影响。

（3）能源管理与优化。AIGC 技术可以对能源使用数据进行分析和预测，优化能源利用方式，减少能源浪费。例如，通过智能电表和传感器对建筑物的能源使用情况进行监测，利用 AIGC 算法分析能源消耗，预测能源需求，制订合理的能源供应和配电计划。

（4）生态保护与恢复。AIGC 技术能够采集和分析生态系统的数据，研究生态系统的结构和功能，预测生态系统的变化和演替，为生态环境保护和恢复提供科学依据。例如，AIGC 算法可以分析植被覆盖和土壤水分状况，为生态保护措施提供数据支持。

一些企业推出的城市治理专业大模型解决方案能够改善环境质量，提升城市治理效能。例如，城市数据智能服务提供商软通智慧科技有限公司推出的"孔明"大模型聚焦城市垃圾分类、河流污染治理等难题，提出专业化的解决方案。

在垃圾分类方面，孔明大模型依托深度学习能力，能够对各个城市的垃圾分类标准进行深度学习，协助城市治理部门做好垃圾分类科普宣传。一方面，该模型以通俗易懂的语言解释不可回收垃圾、可回收垃圾、厨余垃圾、有害垃圾的含义，助力市民准确地进行垃圾分类；另一方面，该模型可以与电脑端、手机端软件相结合，加大垃圾分类相关信息的推送力度，在潜移默化中让市民树立垃圾分类意识。

在河流污染治理方面，孔明大模型能够结合各类传感设备，对河流流量、pH 值、重金属、塑料等数据进行检测，及时将数据整合上传至云端。通过对数据的深度挖掘和学习，并结合河流历史数据与周边环境数据，该模型能够准确判断造成河流污染的具体原因，并对其未来水质的变化趋势进行预测。基于相关数据分析结果，大模型能够提出针对性的治理方案。通过远程控制，其能够协助城市治理部门进行水体过滤系统安装、药剂投放等操作，有效治理河流污染，促进城市水循环。

总之，作为城市治理的专业大模型解决方案，孔明大模型具有强大的泛化能力、推理能力和工程化能力，可以为城市治理提供全方位的支持，推动城市治理能力提升，加快智慧城市建设进程。

12.3.3　CityGPT：增强智慧城市的治理能力

CityGPT 是一款由维智科技推出的城市大模型，致力提升智慧城市治理效能，同时降低 AI 应用门槛。

CityGPT 提供"空间 AI 专家顾问"服务，依托先进的智能研判技术，对城市、商圈、网点等各个层级进行深入分析，实现线上线下数实融合的智能决策与场景交互。CityGPT 主要有以下三种作用。

第一，实现城市时空化。城市时空化意味着将城市地域划分为网格，并为每个网格赋予众多维度的标签。这有助于城市精细化管理，也为后续数据分析提供了丰富的维度。网格可以根据实际需求进行划分，如按照行政区划、人口密度、地貌特征等要素进行划分。通过这种方式，城市不再是庞大而复杂的整体，而是由无数个网格组成的有机体。

第二，实现城市知识图谱化。知识图谱是一种以图结构的方式组织和呈现知识的方法，能够清晰地反映城市各个要素之间的关系。通过构建城市知识图谱，可以更好地了解城市的动态特性，如人口流动、资源分布、交通状况等。知识图谱不仅可以反映静态的城市结构，还能展现城市的动态变化，为城市规划和管理提供有力支持。

第三，利用构建垂直化的城市大模型的方法，将标签和时空知识图谱资源输入模型，可以实现对城市各种问题的智能化分析和预测。垂直化的城市大模型可以针对不同领域和场景进行优化，如交通、环保、公共服务等。这种个性化定制的方式能够提高城市大模型的泛化能力和实用性，使其更好地服务于城市数字化转型。

此外，无论是开设服装店、咖啡馆、汽车 4S 店，还是开设健身房、珠宝店，商家都可以借助 CityGPT 大模型进行评估，分析城市是否具备开店条件。

如今，维智科技开发的 CityGPT 城市大模型已广泛应用于各行各业，如零售、文旅、物流等行业，有力地提升城市治理能力，助力打造城市"大脑"，推动城市快速发展。

附　录

附录 1　国家网信办等七部门联合公布
《生成式人工智能服务管理暂行办法》

　　《生成式人工智能服务管理暂行办法》（以下称《办法》），是国家网信办联合国家发展改革委、教育部、科技部、工业和信息化部、公安部、广电总局七部门于 2023 年 7 月 10 日联合公布，自 2023 年 8 月 15 日起施行的办法。

　　《办法》旨在促进生成式人工智能健康发展和规范应用，维护国家安全和社会公共利益，保护公民、法人和其他组织的合法权益。《办法》根据《中华人民共和国网络安全法》《中华人民共和国数据安全法》《中华人民共和国个人信息保护法》《中华人民共和国科学技术进步法》等法律、行政法规制定。出台《办法》，既是促进生成式人工智能健康发展的重要要求，也是防范生成式人工智能服务风险的现实需要。

　　以下为《办法》全文。

第一章　总　　则

　　第一条　为了促进生成式人工智能健康发展和规范应用，维护国家安全和社会公共利益，保护公民、法人和其他组织的合法权益，根据《中华人民共和国网络安全法》《中华人民共和国数据安全法》《中华人民共和国个人信息保护法》《中华人民共和国科学技术进步法》等法律、行政法规，制定本办法。

第二条　利用生成式人工智能技术向中华人民共和国境内公众提供生成文本、图片、音频、视频等内容的服务（以下称生成式人工智能服务），适用本办法。

国家对利用生成式人工智能服务从事新闻出版、影视制作、文艺创作等活动另有规定的，从其规定。

行业组织、企业、教育和科研机构、公共文化机构、有关专业机构等研发、应用生成式人工智能技术，未向境内公众提供生成式人工智能服务的，不适用本办法的规定。

第三条　国家坚持发展和安全并重、促进创新和依法治理相结合的原则，采取有效措施鼓励生成式人工智能创新发展，对生成式人工智能服务实行包容审慎和分类分级监管。

第四条　提供和使用生成式人工智能服务，应当遵守法律、行政法规，尊重社会公德和伦理道德，遵守以下规定：

（一）坚持社会主义核心价值观，不得生成煽动颠覆国家政权、推翻社会主义制度，危害国家安全和利益、损害国家形象，煽动分裂国家、破坏国家统一和社会稳定，宣扬恐怖主义、极端主义，宣扬民族仇恨、民族歧视，暴力、淫秽色情，以及虚假有害信息等法律、行政法规禁止的内容；

（二）在算法设计、训练数据选择、模型生成和优化、提供服务等过程中，采取有效措施防止产生民族、信仰、国别、地域、性别、年龄、职业、健康等歧视；

（三）尊重知识产权、商业道德，保守商业秘密，不得利用算法、数据、平台等优势，实施垄断和不正当竞争行为；

（四）尊重他人合法权益，不得危害他人身心健康，不得侵害他人肖像权、名誉权、荣誉权、隐私权和个人信息权益；

（五）基于服务类型特点，采取有效措施，提升生成式人工智能服务的透明度，提高生成内容的准确性和可靠性。

第二章　技术发展与治理

第五条　鼓励生成式人工智能技术在各行业、各领域的创新应用，生成积极健康、向上向善的优质内容，探索优化应用场景，构建应用生态体系。

支持行业组织、企业、教育和科研机构、公共文化机构、有关专业机构等在生成式人工智能技术创新、数据资源建设、转化应用、风险防范等方面开展协作。

第六条　鼓励生成式人工智能算法、框架、芯片及配套软件平台等基础技术的自主创新，平等互利开展国际交流与合作，参与生成式人工智能相关国际规则制定。

推动生成式人工智能基础设施和公共训练数据资源平台建设。促进算力资源协同共享，提升算力资源利用效能。推动公共数据分类分级有序开放，扩展高质量的公共训练数据资源。鼓励采用安全可信的芯片、软件、工具、算力和数据资源。

第七条　生成式人工智能服务提供者（以下称提供者）应当依法开展预训练、优化训练等训练数据处理活动，遵守以下规定：

（一）使用具有合法来源的数据和基础模型；

（二）涉及知识产权的，不得侵害他人依法享有的知识产权；

（三）涉及个人信息的，应当取得个人同意或者符合法律、行政法规规定的其他情形；

（四）采取有效措施提高训练数据质量，增强训练数据的真实性、准确性、客观性、多样性；

（五）《中华人民共和国网络安全法》《中华人民共和国数据安全法》《中

华人民共和国个人信息保护法》等法律、行政法规的其他有关规定和有关主管部门的相关监管要求。

第八条 在生成式人工智能技术研发过程中进行数据标注的，提供者应当制定符合本办法要求的清晰、具体、可操作的标注规则；开展数据标注质量评估，抽样核验标注内容的准确性；对标注人员进行必要培训，提升尊法守法意识，监督指导标注人员规范开展标注工作。

第三章 服务规范

第九条 提供者应当依法承担网络信息内容生产者责任，履行网络信息安全义务。涉及个人信息的，依法承担个人信息处理者责任，履行个人信息保护义务。

提供者应当与注册其服务的生成式人工智能服务使用者（以下称使用者）签订服务协议，明确双方权利义务。

第十条 提供者应当明确并公开其服务的适用人群、场合、用途，指导使用者科学理性认识和依法使用生成式人工智能技术，采取有效措施防范未成年人用户过度依赖或者沉迷生成式人工智能服务。

第十一条 提供者对使用者的输入信息和使用记录应当依法履行保护义务，不得收集非必要个人信息，不得非法留存能够识别使用者身份的输入信息和使用记录，不得非法向他人提供使用者的输入信息和使用记录。

提供者应当依法及时受理和处理个人关于查阅、复制、更正、补充、删除其个人信息等的请求。

第十二条 提供者应当按照《互联网信息服务深度合成管理规定》对图片、视频等生成内容进行标识。

第十三条 提供者应当在其服务过程中，提供安全、稳定、持续的服务，保障用户正常使用。

第十四条　提供者发现违法内容的，应当及时采取停止生成、停止传输、消除等处置措施，采取模型优化训练等措施进行整改，并向有关主管部门报告。

提供者发现使用者利用生成式人工智能服务从事违法活动的，应当依法依约采取警示、限制功能、暂停或者终止向其提供服务等处置措施，保存有关记录，并向有关主管部门报告。

第十五条　提供者应当建立健全投诉、举报机制，设置便捷的投诉、举报入口，公布处理流程和反馈时限，及时受理、处理公众投诉举报并反馈处理结果。

第四章　监督检查和法律责任

第十六条　网信、发展改革、教育、科技、工业和信息化、公安、广播电视、新闻出版等部门，依据各自职责依法加强对生成式人工智能服务的管理。

国家有关主管部门针对生成式人工智能技术特点及其在有关行业和领域的服务应用，完善与创新发展相适应的科学监管方式，制定相应的分类分级监管规则或者指引。

第十七条　提供具有舆论属性或者社会动员能力的生成式人工智能服务的，应当按照国家有关规定开展安全评估，并按照《互联网信息服务算法推荐管理规定》履行算法备案和变更、注销备案手续。

第十八条　使用者发现生成式人工智能服务不符合法律、行政法规和本办法规定的，有权向有关主管部门投诉、举报。

第十九条　有关主管部门依据职责对生成式人工智能服务开展监督检查，提供者应当依法予以配合，按要求对训练数据来源、规模、类型、标注规则、算法机制机理等予以说明，并提供必要的技术、数据等支持和协助。

参与生成式人工智能服务安全评估和监督检查的相关机构和人员对在履行职责中知悉的国家秘密、商业秘密、个人隐私和个人信息应当依法予以保密，不得泄露或者非法向他人提供。

第二十条　对来源于中华人民共和国境外向境内提供生成式人工智能服务不符合法律、行政法规和本办法规定的，国家网信部门应当通知有关机构采取技术措施和其他必要措施予以处置。

第二十一条　提供者违反本办法规定的，由有关主管部门依照《中华人民共和国网络安全法》《中华人民共和国数据安全法》《中华人民共和国个人信息保护法》《中华人民共和国科学技术进步法》等法律、行政法规的规定予以处罚；法律、行政法规没有规定的，由有关主管部门依据职责予以警告、通报批评，责令限期改正；拒不改正或者情节严重的，责令暂停提供相关服务。

构成违反治安管理行为的，依法给予治安管理处罚；构成犯罪的，依法追究刑事责任。

第五章　附　则

第二十二条　本办法下列用语的含义是：

（一）生成式人工智能技术，是指具有文本、图片、音频、视频等内容生成能力的模型及相关技术；

（二）生成式人工智能服务提供者，是指利用生成式人工智能技术提供生成式人工智能服务（包括通过提供可编程接口等方式提供生成式人工智能服务）的组织、个人；

（三）生成式人工智能服务使用者，是指使用生成式人工智能服务生成内容的组织、个人。

第二十三条　法律、行政法规规定提供生成式人工智能服务应当取得相关行政许可的，提供者应当依法取得许可。

外商投资生成式人工智能服务，应当符合外商投资相关法律、行政法规的规定。

第二十四条　本办法自 2023 年 8 月 15 日起施行。

附录 2　答记者问

2023 年 7 月，国家网信办联合国家发展改革委、教育部、科技部、工业和信息化部、公安部、广电总局公布了《生成式人工智能服务管理暂行办法》（以下简称《办法》）。国家网信办有关负责人就《办法》的相关问题回答了记者提问。

问：请简要介绍《办法》出台的背景？

答：制定《办法》主要基于以下几个方面的考虑。

一是深入贯彻落实习近平总书记重要指示精神和党中央决策部署的重要举措。习近平总书记在主持召开中共中央政治局会议时指出："要重视通用人工智能发展，营造创新生态，重视防范风险。"

二是促进生成式人工智能健康发展的迫切需求。随着生成式人工智能技术的快速发展，为经济社会发展带来新机遇的同时，也产生了传播虚假信息、侵害个人信息权益、数据安全和偏见歧视等问题。《办法》坚持目标导向和问题导向，明确了促进生成式人工智能技术发展的具体措施，规定生成式人工智能服务的基本规范。

三是推进实施法律规定的内在要求。制定《办法》，是落实《中华人民共和国网络安全法》《中华人民共和国数据安全法》《中华人民共和国个人信息保护法》《中华人民共和国科学技术进步法》有关规定的重要要求，进一步规范数据处理等活动，维护国家安全和社会公共利益，保护公民、法人和其他组织的合法权益。

问：《办法》的适用范围是什么？

答：《办法》规定，利用生成式人工智能技术向中华人民共和国境内公众提供生成文本、图片、音频、视频等内容的服务，适用本办法。国家对利用生成式人工智能服务从事新闻出版、影视制作、文艺创作等活动另有规定的，从其规定。行业组织、企业、教育和科研机构、公共文化机构、有关专业机构等研发、应用生成式人工智能技术，未向境内公众提供生成式人工智能服务的，不适用本办法的规定。

问：《办法》坚持的主要原则是什么？

答：《办法》提出国家坚持发展和安全并重、促进创新和依法治理相结合的原则，采取有效措施鼓励生成式人工智能创新发展，对生成式人工智能服务实行包容审慎和分类分级监管。

问：《办法》中所称生成式人工智能技术和生成式人工智能服务提供者是指什么？

答：《办法》中所称生成式人工智能技术，是指具有文本、图片、音频、视频等内容生成能力的模型及相关技术；生成式人工智能服务提供者，是指利用生成式人工智能技术提供生成式人工智能服务（包括通过提供可编程接口等方式提供生成式人工智能服务）的组织、个人。

问：《办法》对促进生成式人工智能健康发展有哪些考虑？

答：《办法》在治理对象上，针对生成式人工智能服务。

在监管方式上，提出对生成式人工智能服务实行包容审慎和分类分级监管，要求国家有关主管部门针对生成式人工智能技术特点及其在有关行业和领域的服务应用，完善与创新发展相适应的科学监管方式，制定相应的分类分级监管规则或者指引。

在促进发展具体措施上，一是明确鼓励生成式人工智能技术在各行业、各领域的创新应用，生成积极健康、向上向善的优质内容，探索优化应用场景，构建应用生态体系。二是支持行业组织、企业、教育和科研机构、公共文化机构、有关专业机构等在生成式人工智能技术创新、数据资源建设、转化应用、风险防范等方面开展协作。三是鼓励生成式人工智能算法、框架、芯片及配套软件平台等基础技术的自主创新，平等互利开展国际交流与合作，参与生成式人工智能相关国际规则制定。四是提出推动生成式人工智能基础设施和公共训练数据资源平台建设。促进算力资源协同共享，提升算力资源利用效能。推动公共数据分类分级有序开放，扩展高质量的公共训练数据资源。鼓励采用安全可信的芯片、软件、工具、算力和数据资源。

问：《办法》明确提供和使用生成式人工智能服务应当遵守哪些规定？

答：《办法》明确提供和使用生成式人工智能服务应当坚持社会主义核心价值观，不得生成煽动颠覆国家政权、推翻社会主义制度，危害国家安全和利益、损害国家形象，煽动分裂国家、破坏国家统一和社会稳定，宣扬恐怖主义、极端主义，宣扬民族仇恨、民族歧视，暴力、淫秽色情，以及虚假有害信息等法律、行政法规禁止的内容；

在算法设计、训练数据选择、模型生成和优化、提供服务等过程中，采取有效措施防止产生民族、信仰、国别、地域、性别、年龄、职业、健康等歧视；

尊重知识产权、商业道德，保守商业秘密，不得利用算法、数据、平台等优势，实施垄断和不正当竞争行为；

尊重他人合法权益，不得危害他人身心健康，不得侵害他人肖像权、名誉权、荣誉权、隐私权和个人信息权益；

基于服务类型特点，采取有效措施，提升生成式人工智能服务的透明度，提高生成内容的准确性和可靠性。

问：《办法》规定的治理制度主要有哪些？

答：《办法》明确生成式人工智能服务提供者应当依法开展预训练、优化训练等训练数据处理活动，使用具有合法来源的数据和基础模型；

涉及知识产权的，不得侵害他人依法享有的知识产权；

涉及个人信息的，应当取得个人同意或者符合法律、行政法规规定的其他情形；

采取有效措施提高训练数据质量，增强训练数据的真实性、准确性、客观性、多样性。

此外，明确了数据标注的相关要求。

问：《办法》主要明确了哪些生成式人工智能服务规范？

答：《办法》要求采取有效措施防范未成年人用户过度依赖或者沉迷生成式人工智能服务。规定提供者应当按照《互联网信息服务深度合成管理规定》对图片、视频等生成内容进行标识。规定提供者发现违法内容的，应当及时采取停止生成、停止传输、消除等处置措施并采取模型优化训练等措施进行整改。明确提供者发现使用者利用生成式人工智能服务从事违法活动的，应当依法依约采取有关处置措施，保存有关记录，并向有关主管部门报告。

问：《办法》对投诉、举报作了哪些规定？

答：《办法》规定提供者应当建立健全投诉、举报机制，设置便捷的投诉、举报入口，公布处理流程和反馈时限，及时受理、处理公众投诉举报并反馈处理结果。明确使用者发现生成式人工智能服务不符合法律、行政法规和本办法规定的，有权向有关主管部门投诉、举报。